高 等 职 业 院 校 “ 双 高 计 划 ” 建 设 教 材
“十四五”高等职业教育计算机应用技术系列教材
华 为 校 企 合 作 技 能 训 练 指 定 教 材
校 企 合 作 新 课 改 教 材

网络安全技术

杨 淳 宋 辞◎主 编
常 红 钟啸剑 吕 程 蔡金武 张子明◎副主编
姜 琳◎主 审

中国铁道出版社有限公司
CHINA RAILWAY PUBLISHING HOUSE CO., LTD.

内容简介

本书采用"项目引领、任务驱动"的模式编写，详细讲述了与当前信息安全相关的技术，内容包括防火墙的基础知识、中小企业网络安全规划、大中型企业网络安全管理技术、企业分支机构互联的安全规划、大中型企业网络安全规划和网络安全综合实训。本书所讲内容以必需、够用为原则，着重培养学生的实践动手能力及解决实际问题能力，涵盖了目前常见的相关基础知识与技术。

本书适合作为高等职业院校计算机网络、计算机应用、数字媒体、移动互联、软件工程和电子商务专业的教材，也可作为网站开发人员的培训教材以及对计算机网络安全技术爱好者的自学指导书。

图书在版编目（CIP）数据

网络安全技术 / 杨淳, 宋辞主编. -- 北京 : 中国铁道出版社有限公司, 2025. 8. -- ("十四五"高等职业教育计算机应用技术系列教材) (高等职业院校"双高计划"建设教材). -- ISBN 978-7-113-32296-0

Ⅰ. TP393.08

中国国家版本馆CIP数据核字第20257D1R60号

书　　名： 网络安全技术
作　　者： 杨　淳　宋　辞

策　　划： 潘星泉　　　　**编辑部电话：**（010）51873202
责任编辑： 潘星泉　彭立辉
封面设计： 刘　颖
责任校对： 苗　丹
责任印制： 赵星辰

出版发行： 中国铁道出版社有限公司（100054，北京市西城区右安门西街8号）
网　　址： https://www.tdpress.com/51eds
印　　刷： 河北宝昌佳彩印刷有限公司
版　　次： 2025年8月第1版　2025年8月第1次印刷
开　　本： 787 mm × 1 092 mm　1/16　**印张：** 10　**字数：** 248千
书　　号： ISBN 978-7-113-32296-0
定　　价： 35.00元

前　言

在国家大力发展职业教育、深化产教融合与校企合作的战略指引下，黑龙江农业工程职业学院电子信息类专业紧扣时代需求与政策导向，不断探索符合职业教育规律、对接产业发展实践的人才培养路径，通过运用“校企合作”人才培养模式，形成了鲜明的办学特色，取得了较为显著的教学成效。编者结合“校企合作”的经验编写了本书，以期望对职业教育中人才的培养起到借鉴作用。

本书主要围绕华为防火墙系统的安装部署及各种典型应用展开。全书共分六个项目，分别为网络安全守护、中小企业网络安全规划、大中型企业网络安全秘技、企业分支机构互联的安全规划、大中型企业网络安全规划和网络安全综合实训，其中包括9个独立的任务和6个项目实训。本书内容基本涵盖防火墙的典型应用案例，是典型的实训教程；以实际工作内容为依托，以项目、任务的形式展开讲解；按照一般学习思维活动的特点进行系统化编排和整理。本书具有以下特点：

一、校企双元开发机制

本书突破传统教材编写模式，建立双元开发机制。邀请行业领军技术专家与专业教学团队组成核心编写组，将企业真实工作场景、典型生产案例转化为教学内容，完成教育教学“虚拟→模拟→真实”的零过渡。本书案例直接取自合作企业近三年的实际生产项目，确保教材内容与产业发展同频共振，可帮助读者顺利实现从学生向企业员工身份的转变。

二、围绕实践、删繁就简

本书在具体内容的处理上，以“必需”和“够用”为原则，以理论为引导，围绕实践展开，删繁就简。针对目前高职院校学生的基础和认知特点，打破原来的旧框架，着重培养学生实践动手能力及解决问题的能力；从最简单的理论知识、安全知识、基本操作到强化综合技能训练，内容紧密结合当前的生产实际，将目前企业的实用知识、技能编入教材，为学生今后就业及适应岗位打下扎实的基础。

三、理实融合、结构创新

本书采用“项目载体+任务驱动”的编排方式，通过机制创新实现教材内容与生产实际的实时对接，为职业教育教材建设提供了可复制的校企深度融合范式。

本书由黑龙江农业工程职业学院杨淳和宋辞任主编，黑龙江农业工程职业学院常红、钟啸剑、吕程、蔡金武和华为生态大学张子明任副主编。编写分工：项目一、项目二由杨淳编写，项目三、项目四由宋辞编写，项目五由常红、钟啸剑编写，项目六由吕程、蔡金武、张子明编写。杨淳负责全书统稿和定稿。姜琳对全书进行了审阅。

由于时间仓促，编者水平有限，书中难免存在疏漏与不妥之处，敬请各位读者批评指正。

编　者

2025年2月

目　录

项目一

网络安全守护——初识防火墙

项目导入

大梦从学校毕业，分配至华兴公司网络中心，承担公司网络管理员工作，维护和管理公司中所有的网络设备。公司的办公网网络中有200台办公用计算机，每台终端计算机安装了Windows系统，网络出口位置使用路由器共享上网。由于当前的网络安全形势复杂，公司决定在现有网络中部署防火墙来提升公司网络的安全性，大梦该如何完成这项任务？

项目目标

（1）了解防火墙的功能、特点、分类。

（2）掌握防火墙的基本配置

知识储备

一、OSI七层模型

OSI（open system interconnection）七层模型是由国际标准化组织（ISO）与国际电报电话咨询委员会（CCITT）联合制定，是为开放式互连信息系统提供的一种功能框架。

在OSI七层模型中，每一层都提供特定的网络功能。从网络功能的角度分析：下面四层（物理层、数据链路层、网络层和传输层）主要提供数据传输和交换功能，以节点到节点之间的通信为主；第四层（传输层）作为上下两部分的桥梁，是整个网络体系结构中最关键的部分；而上三层（会话层、表示层和应用层）则以提供用户与应用程序之间的信息和数据处理功能为主。简而言之，下四层主要完成通信子网的功能，上三层主要完成资源子网的功能。

程序员更关注上三层，网络工程师更关注下四层，如图1.1所示。

1. 第一层：物理层

主要功能：在介质上传输比特流。

功能介绍：利用传输介质为数据链路层提供物理连接，实现比特流的透明传输。物理层的作用是实现相邻计算机节点之间比特流的透明传送，尽可能屏蔽掉具体传输介质和物理设备的差异。使其上面的数据链路层不必考虑网络的具体传输介质是什么。“透明传送比特流”表示经实际电路传送后的比特流没有发生变化，对传送的比特流来说，这个电路好像是看不见的。

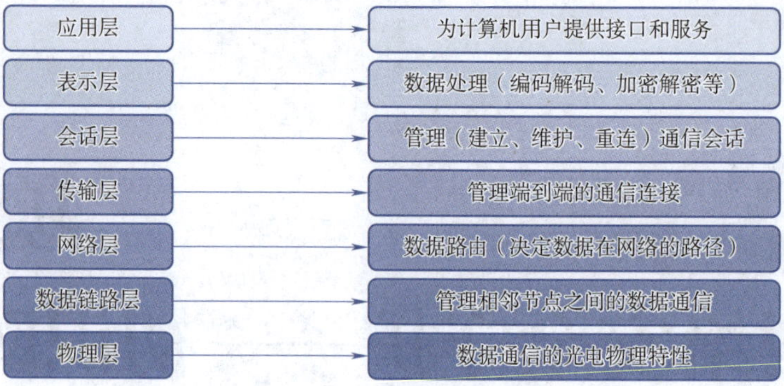

图1.1 OSI七层模型示意图

2. 第二层：数据链路层

（1）主要功能：负责建立和管理节点间的链路，将数据封装成帧，进行可靠传输。

（2）功能介绍：通过各种控制协议，将有差错的物理信道变为无差错的、能可靠传输数据帧的数据链路。该层通常又分为介质访问控制（MAC）和逻辑链路控制（LLC）两个子层。

- MAC子层：主要任务是解决共享型网络中多用户对信道竞争的问题，完成网络介质的访问控制；
- LLC子层：主要任务是建立和维护网络连接，执行差错校验、流量控制和链路控制。

数据链路层的具体工作是接收来自物理层的位流形式的数据，并封装成帧，传送到上一层；同样，也将来自上层的数据帧，拆装为位流形式的数据转发到物理层；并且，还负责处理接收端发回的确认帧的信息，以便提供可靠的数据传输。

3. 第三层：网络层

（1）主要功能：逻辑寻址，在下两层的基础上向资源子网提供服务。

（2）功能介绍：通过路由选择算法，为报文或分组通过通信子网选择最适当的路径。该层控制数据链路层与传输层之间的信息转发，建立、维持和终止网络的连接。具体地说，数据链路层的数据在这一层被转换为数据包，然后通过路径选择、分段组合、顺序、进/出路由等控制，将信息从一个网络设备传送到另一个网络设备。

一般情况下，数据链路层是解决同一网络内节点之间的通信，而网络层主要解决不同子网间的通信。例如，在广域网之间通信时，必然会遇到路由（即两节点间可能有多条路径）选择问题。

在实现网络层功能时，需要解决的主要问题如下：

（1）寻址：数据链路层中使用的物理地址（如MAC地址）仅解决网络内部的寻址问题。在不同子网之间通信时，为了识别和找到网络中的设备，每一个子网中的设备都会被分配一个唯一的地址。由于各子网使用的物理技术可能不同，因此这个地址应当是逻辑地址（如IP地址）。

（2）交换：规定不同的信息交换方式。常见的交换技术有线路交换技术和存储转发技术，后者又包括报文交换技术和分组交换技术。

（3）路由算法：当源节点和目的节点之间存在多条路径时，本层可以根据路由算法，通过网络为数据分组选择最佳路径，并将信息从最合适的路径由发送端传送到接收端。

（4）连接服务：与数据链路层流量控制不同的是，前者控制的是网络相邻节点间的流量，后者控制的是从源节点到目的节点间的流量。其目的在于防止阻塞，并进行差错检测。

4. 第四层：传输层

（1）主要功能：提供可靠和不可靠的传输机制。

（2）功能介绍：该层是通信子网和资源子网的接口和桥梁，起到承上启下的作用。向用户提供可靠的端到端的差错和流量控制，保证报文的正确传输。向高层屏蔽下层数据通信的细节，即向用户透明地传送报文。该层常见的协议：TCP/IP中的TCP协议、Novell网络中的SPX协议和微软的NetBIOS/NetBEUI协议。提供会话层和网络层之间的传输服务，这种服务从会话层获得数据，并在必要时对数据进行分割。然后，传输层将数据正确无误地传送到网络层。因此，传输层负责提供两节点之间数据的可靠传送，当两节点的联系确定之后，传输层则负责监督工作，主要提供传输连接管理，处理传输差错。

（3）传输连接管理：提供建立、维护和拆除传输连接的功能。传输层在网络层的基础上为高层提供“面向连接”和“面向无接连”的两种服务。

（4）处理传输差错：提供可靠的“面向连接”和不太可靠的“面向无连接”的数据传输服务、差错控制和流量控制。在提供“面向连接”服务时，通过这一层传输的数据将由目标设备确认，如果在指定的时间内未收到确认信息，数据将被重发。

5. 第五层：会话层

（1）主要功能：建立、终止、管理实体间的会话连接。

（2）功能介绍：向两个实体的表示层提供建立和使用连接的方法。将不同实体之间的表示层的连接称为会话。因此，会话层的任务就是组织和协调两个会话进程之间的通信，并对数据交换进行管理。用户可以按照半双工、单工和全双工的方式建立会话。当建立会话时，用户必须提供想要连接的远程地址。而这些地址与MAC（介质访问控制子层）地址或网络层的逻辑地址不同，它们是为用户专门设计的，便于用户记忆。域名（DN）就是一种网络上使用的远程地址，如www.baidu.com就是一个域名，具体包括会话管理、会话流量控制、寻址、出错控制。

（3）会话管理：允许用户在两个实体设备之间建立、维持和终止会话，并支持它们之间的数据交换。例如，提供单向会话或双向同时会话，并管理会话中的发送顺序，以及会话所占用时间的长短。

（4）会话流量控制：提供会话流量控制和交叉会话功能。

（5）寻址：使用远程地址建立会话连接。

（6）出错控制：从逻辑上讲会话层主要负责数据交换的建立、保持和终止，但实际的工作却是接收来自传输层的数据，并负责纠正错误。会话控制和远程过程调用均属于这一层的功能。但应注意，此层检查的错误不是通信介质的错误，而是磁盘空间、打印机缺纸等类型的高级错误。

6. 第六层：表示层

（1）主要功能：封装数据的格式（加密解密、压缩解压缩）。

（2）功能介绍：对来自应用层的命令和数据进行解释，对各种语法赋予相应的含义，并按照一定的格式传送给会话层。处理用户信息的表示问题，如数据格式处理、数据编码、数据压缩解压、数据加密解密等。

（3）数据格式处理：协商和建立数据交换的格式，解决各应用程序之间在数据格式表示上的差异。

（4）数据的编码：处理字符集和数字的转换。例如，由于用户程序中的数据类型（整型或实型、有符号或无符号等）、用户标识等都可以有不同的表示方式，因此，在设备之间需要具有在不同字符集或格式之间转换的功能。

（5）压缩和解压缩：为了减少数据的传输量，这一层还负责数据的压缩与恢复。

（6）数据的加密和解密：可以提高网络的安全性。

7. 第七层：应用层

（1）主要功能：人与机器交互的窗口。

（2）功能介绍：它是计算机用户及各种应用程序和网络之间的接口，直接向用户提供服务，完成用户希望在网络上完成的各种工作。它在其他六层工作的基础上，负责完成网络中应用程序与网络操作系统之间的联系，建立与结束用户之间的联系，并完成网络用户提出的各种网络服务及应用所需的监督、管理和服务等各种协议。此外，该层还负责协调各个应用程序间的工作。

（3）应用层为用户提供的服务和协议：文件服务、目录服务、文件传输服务（FTP）、远程登录服务（Telnet）、电子邮件服务（E-mail）、打印服务、安全服务、网络管理服务、数据库服务等。上述的各种网络服务由该层的不同应用协议和程序完成，不同的网络操作系统之间在功能、界面、实现技术、对硬件的支持、安全可靠性，以及具有的各种应用程序接口等各个方面的差异是很大的，具体包括用户接口、实现各种服务。

- 用户接口：应用层是用户与网络、应用程序与网络间的直接接口，使得用户能够与网络进行交互式联系。
- 实现各种服务：该层具有的各种应用程序可以完成和实现用户请求的各种服务。

二、数据封装和解封装过程

1. 封装

数据封装是将协议数据单元（PDU）添加在一组协议头和尾的过程。封装操作所处的OSI层次及具体封装操作见表1.1。

表 1.1　封装操作所处的 OSI 层次及具体封装操作

OSI层次	具体封装操作	封装完成数据形式
传输层	在数据前添加传输层头部	数据段
网络层	在数据段DATA前添加IP包头	数据包
数据链路层	在数据包前添加MAC、LLC包头	数据帧
物理层	将数据帧转化成比特流	位

2. 解封装

解封装是逆向拆掉各层报文头部，还原数据到另一端应用层。封装、解封装的过程如图1.2所示。

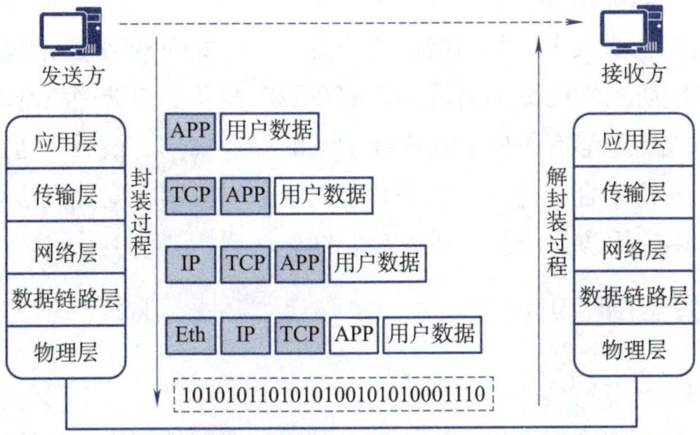

图1.2　封装、解封装过程

总结：

OSI七层模型太过于理想化，现实的生产环境下应用比较少。

优点：将服务、接口和协议这三个概念明确地区分开，概念清楚，理论也比较完整。通过七个层次化的结构模型使不同的系统、不同的网络之间实现可靠的通信。

缺点：复杂又不实用，运行效率低；标准制定周期太长；层次划分不太合理。

任务一　认识防火墙

防火墙一词来自建筑物中的同名设施，它可以防止火灾从建筑物的一部分蔓延到其他部分。Internet防火墙也要起到同样的作用，防止Internet上的不安全因素蔓延到企业或组织的内部网。防火墙技术早在1994年就被RFC 1636列为信息系统安全机制不可缺少的一项措施。从狭义上讲，防火墙是指安装了防火墙软件的主机或路由器系统；从广义上讲，防火墙还包括整个网络的安全策略和安全行为。

AT&T的两位工程师William Cheswich和Steven Bellovin给出了防火墙的明确定义：

（1）所有的从外部到内部或从内部到外部的通信都必须经过它。

（2）只有内部访问策略授权的通信才被允许通过。

（3）系统本身具有很强的高可靠性。

总之，防火墙是一种网络安全保障手段，是网络通信时执行的一种访问控制尺度。其主要目标就是通过控制入、出一个网络的权限，并迫使所有的连接都经过这样的检查，防止需要保护的网络遭受外界因素的干扰和破坏。在逻辑上，防火墙是一个分离器、一个限制器，也是一个分析器，有效地监视了内部网络和Internet之间的任何活动，保证了内部网络的安全；在物理实现上，防火墙是位于网络特殊位置的一组硬件设备——路由器、计算机或其他特制的硬件设备。防火墙可以是一个独立的系统，也可以在一个进行网络互联的路由器上实现。

初步认识到防火墙在网络安全领域的关键地位后，即将开启对防火墙知识的深度探索。首先，追溯防火墙的发展历程，从中探寻技术的演进轨迹，剖析其特点的形成根源，这有助于人们理解防火墙如何在不断发展中适应网络安全需求。其次，明确防火墙的应用场景至关重要，它能指导人们在实际工作场景中，根据不同的网络架构和安全需求，精准运用防火墙，充分发挥其防护效能。再次，对路由器、交换机与防火墙进行深入对比，能够帮助人们从功能特性、工作原理等多个维度，全面认识这些网络设备的差异，从而在网络搭建与维护中做出更合理的设备选型。此外，研究防火墙的分类，能为人们在面对复杂多样的网络环境时，提供科学的选择依据，确保所选防火墙能够有效应对相应环境下的安全挑战。最后，通过任务实践将所学的理论知识与实际设备紧密结合，进一步加深对防火墙工作机制、配置方法等方面的理解，切实提升人们在实际操作中应用防火墙保障网络安全的能力。

一、防火墙的发展历程和特点

1. 防火墙的发展史

防火墙自20世纪80年代末期开始发展，至今已有30多年的历史，在这段时间内，防火墙的发展大致可分为三个重要阶段，如图1.3所示。

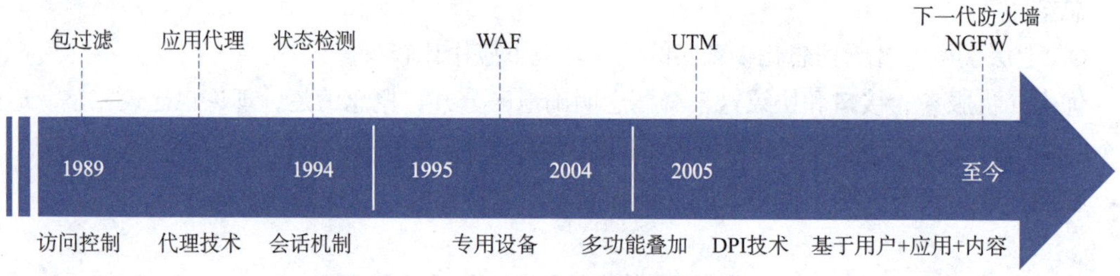

图1.3　防火墙发展史

阶段一：1989—1994年

（1）1989年，第一款基于访问控制列表（包过滤）的防火墙被开发，称为第一代防火墙。

（2）基于ALG的第二代防火墙：防火墙拦截从客户端向防火墙发起的所有请求报文，由防火墙代理访问防火墙，再将防火墙的相应报文回传至客户端；安全级别较高，但处理速度较慢；同时，ALG很难针对网络中的每种应用单独开发独立的代理服务程序，因此只能够代理某些访问请求。

（3）1994年，出现了基于状态化检测的第三代防火墙：通过分析报文的当前状态执行不同的拦截操作。

阶段二：1995—2004年

（1）在这一时期，状态化检测防火墙得到了长足的发展与进步，同时人们针对状态化检测防火墙增加了许多增值性功能，如VPN、NAT等。

（2）一些专业设备也在这一时期出现了雏形，例如，专门保护Web防火墙安全的WAF（web application firewall）设备。

阶段三：2005年至今

业界提出了UTM（united threat managemetnt，统一威胁管理）概念，将传统防火墙、入侵检测、防病毒、URL过滤、应用程序控制、邮件过滤等功能融合到一台防火墙上，实现全面的安全防护。

二、防火墙的应用场景

防火墙主要用于保护一个网络区域免受来自另一个网络区域的网络攻击和网络入侵行为。凭借其隔离与防守的属性，防火墙能够灵活部署于多种位置，包括网络边界、子网隔离等关键区域，例如，企业网络的出口处、大型网络内部的子网隔离点，以及数据中心的边界等，如图1.4所示。

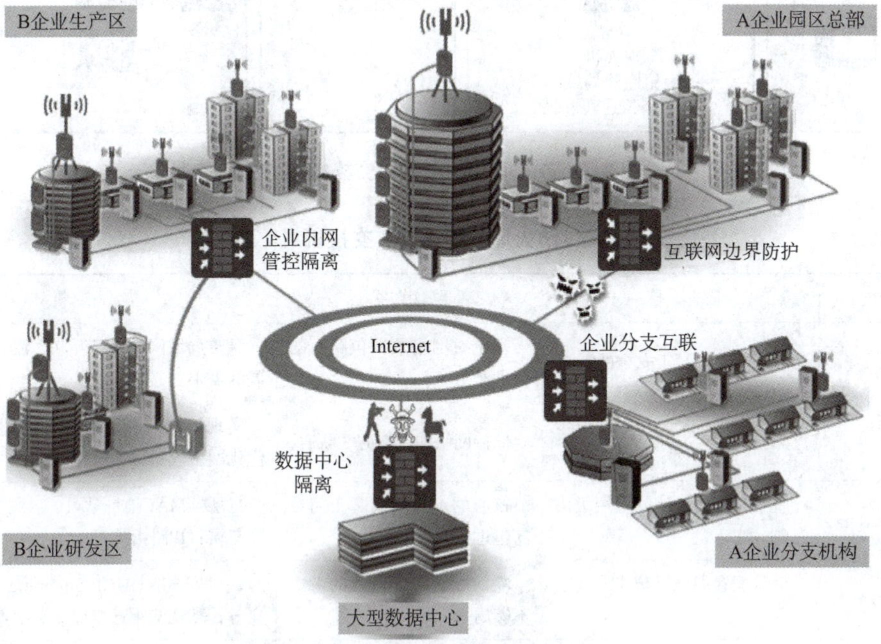

图1.4　防火墙应用场景

三、路由器、交换机与防火墙的区别

路由器、交换机的本质是根据路由表/MAC地址表进行数据帧/数据包的转发/路由；其中，交换机主要负责根据MAC地址表转发数据帧，而路由器则根据路由表进行数据包的路由选择。这两者的操作虽然目的相同——确保数据在网络中正确传输，但实现方式和应用场景有所不同。

防火墙的本质是在一个已经连通的网络中对传输的数据进行控制，以达到防治网络病毒攻击的目的。防火墙、路由器、交换机的区别如图1.5所示。

防火墙默认所有的流量都不让通过，如果想让某些流量通过，则需要进行配置，加入白名单；相反，路由器默认是所有流量都可以通过，如果不想让某些流量通过，则通过ACL（access control list，访问控制列表）进行控制。ACL技术最大的弊端就是它是双向访问的，如果允许用户访问，那么也能访问用户；如果拒绝用户访问，也不能访问用户。因此，ACL技术无法实现单向通信的控制，这是其固有的局限性。防火墙对ACL技术进行了升级，可以限制流量单向访问。另外，路由器只能对下四层进行流量控制，而防火墙可以做到对整个七层进行流量控制（例如，防火墙上配置允许doc文件通过，docx文件不通过，这就是在第七层应用层进行控制）。防火墙、路由器、交换机的区别见表1.2。

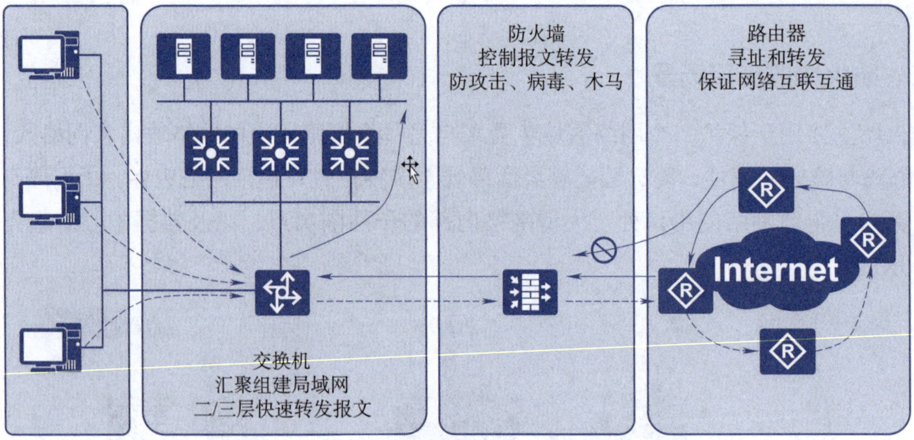

图1.5 防火墙、路由器、交换机的区别

表 1.2 防火墙、路由器、交换机对比表

对比维度	防 火 墙	路 由 器	交 换 机
背景	产生于人们对于安全的需求	基于对网络数据包路由的需求产生	源于局域网内设备互联、流量优化及扩展的需求
目的	保证任何非允许的数据包“不通”	保持网络和数据的“联通”	实现局域网内设备间的高速数据交换，优化网络流量
核心技术	基于状态包过滤的应用级信息流过滤	核心的ACL列表基于简单的包过滤	二层：MAC地址学习、二层交换技术。三层：IP路由技术
安全策略	默认配置即可以防止一些攻击	默认配置对安全性的考虑不够周全	端口安全、DHCP Snooping、VLAN隔离等，默认侧重通信而非深度安全
对性能的影响	采用状态化包过滤，规则数、NAT规则数对性能影响较小	进行包过滤会对CPU和内存产生较大影响	二层交换技术对性能影响小，复杂配置可能轻微影响
防范攻击能力	具有应用层防范功能，如深度包检测、应用层过滤	普通路由器不具有应用层防范功能	主要防范MAC泛洪等二层攻击，无应用层攻击防护能力

四、防火墙的分类

防火墙发展至今已经历经三代，分类方法也各式各样，例如按照形态划分可以分为硬件防火墙及软件防火墙；按照保护对象划分可以分为单机防火墙及网络防火墙等。但总的来说，最主流的划分方法是按照访问控制方式进行分类，包括包过滤防火墙、代理防火墙、状态检测防火墙。

1. 包过滤防火墙

包过滤是指在网络层对每一个数据包进行检查，根据配置的安全策略转发或丢弃数据包。包过滤防火墙的基本原理是：通过配置访问控制列表实施数据包的过滤，主要基于数据包中的源/目的IP地址、源/目的端口号、IP标识和报文传递的方向等信息。

包过滤防火墙的缺点主要有以下几点：

（1）包过滤防火墙的规则配置复杂、管理难度大，需要管理员手动编写大量规则。

（2）随着ACL复杂度和长度的增加，其过滤性能呈指数下降趋势。

（3）静态的ACL规则难以适应动态的安全要求。

（4）包过滤不检查会话状态也不分析数据，这很容易让黑客蒙混过关。例如，攻击者可以使用假冒地址进行欺骗，通过把自己主机IP地址设成一个合法主机IP地址，就能轻易地通过报文过滤器。

2. 代理防火墙

代理服务作用于网络的应用层，其实质是把内部网络和外部网络用户之间直接进行的业务由代理接管。代理检查来自用户的请求，用户通过安全策略检查后，该防火墙将代表外部用户与真正的服务器建立连接，转发外部用户请求，并将真正服务器返回的响应回送给外部用户。

代理防火墙能够完全控制网络信息的交换，控制会话过程，具有较高的安全性。其主要缺点如下：

（1）软件实现限制了处理速度，易于遭受拒绝服务攻击。

（2）需要针对每一种协议开发应用层代理，开发周期长，而且升级很困难。

3. 状态检测防火墙

状态检测是包过滤技术的扩展。基于连接状态的包过滤在进行数据包的检查时，不仅将每个数据包看成是独立单元，还要考虑前后报文的历史关联性。所有基于可靠连接的数据流（即基于TCP协议的数据流）的建立都需要经过“客户端同步请求”、“服务器应答”以及“客户端再应答”三个过程（即“三次握手”过程），这说明每个数据包都不是独立存在的，而是前后有着密切的状态联系。基于这种状态联系，发展出状态检测技术。

状态检测防火墙的基本原理简述如下：

状态检测防火墙使用各种会话表来追踪激活的TCP（transmission control protocol）会话和UDP（user datagram protocol）伪会话，由访问控制列表决定建立哪些会话，数据包只有与会话相关联时才会被转发。其中，UDP伪会话是在处理UDP协议包时为该UDP数据流建立虚拟连接（UDP是面对无连接的协议），以对UDP连接过程进行状态监控会话。

状态检测防火墙在网络层截获数据包，然后从各应用层提取出安全策略所需要的状态信息，并保存到会话表中，通过分析这些会话表和与该数据包有关的后续连接请求做出恰当决定。

任务实践 1-1　认识USG6000E-E03防火墙

USG6000E-E03防火墙基本信息见表1.3。

表 1.3　USG6000E-E03 基本信息表

描　述	部件编码	型　号	起始支持版本
USG6000E-E03交流主机（2个GE WAN+8个GE Combo+2个10GE SFP+，1个交流电源）	02354QEY	USG6000E-E03-AC	V600R007C20SPC500

1. 外观

早期发货机型的两个USB接口标准分别为USB 3.0和USB 2.0，后期发货机型的两个USB接口标准均为USB 2.0。本文中以两个USB接口标准分别为USB 3.0和USB 2.0的机型举例说明，设备外观如图1.6所示。

（a）USG6000E-E03外观（正面）

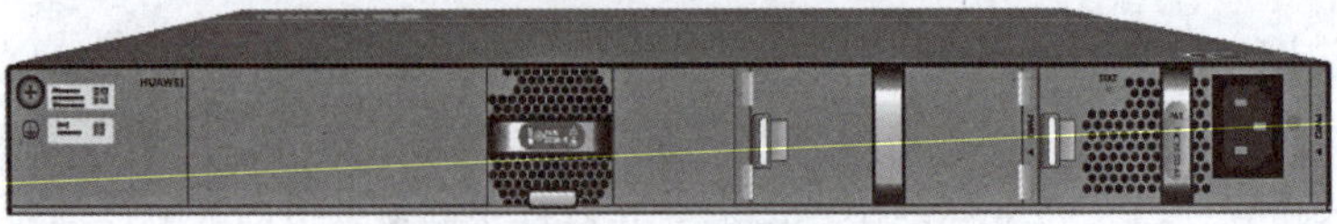

（b）USG6000E-E03外观（背面）

图1.6　防火墙外观图

2. 组成结构

USG6000E-E03防火墙组成结构如图1.7所示。

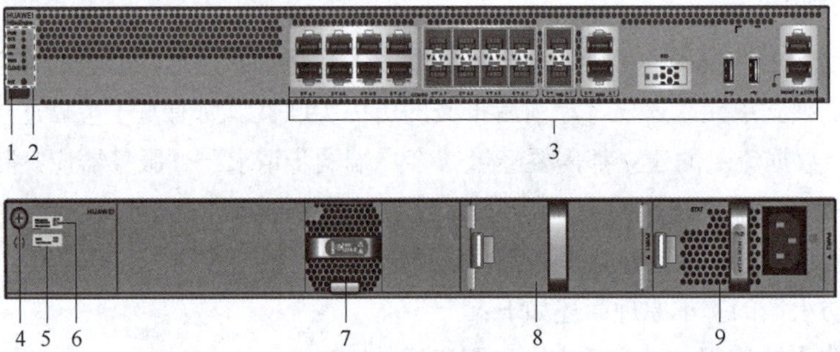

1—产品型号标识；2—指示灯和按钮区域；3—固定接口区域；4—保护接地端子；5—MAC标签；6—SN标签；7—风扇模块；8—选配电源模块槽位；9—电源模块。

图1.7　防火墙组成结构

3. 组件作用

USG6000E-E03防火墙各组件作用见表1.4。

表 1.4　各组件作用表

名　称	描　述
产品型号标识	显示本设备的产品型号
指示灯和按钮区域	提供丰富的指示灯实时展示设备的运行状态，并同时提供RST按钮，用于应急维护
固定接口区域	提供业务接口、USB接口、Console接口和带外管理口对设备进行配置、维护
保护接地端子	用于连接保护地线的M4 OT端子，将保护地线连接到机柜的接地点或者机房中的接地排上
MAC标签	唯一标识设备的物理地址。网络转发配置时需要提供设备MAC信息
SN标签	唯一标识设备的数字序列号。申请License文件时需要提供设备SN信息给当地技术支持工程师
风扇模块	完成对设备的抽风散热功能。支持热插拔，但拔出时间不能超过1 min。风扇模块对应槽位号为7

续表

名　称	描　述
电源模块	为设备提供电源输入和电源分配。标配单电源，支持选配双电源，组成1+1冗余备份。在另一块电源模块工作正常的前提下，支持热插拔 电源模块槽位丝印为PWR1、PWR2，对应的槽位号依次为2、3

（1）指示灯和按钮：

USG6000E-E03重点组件指示灯和按钮外观如图1.8所示。

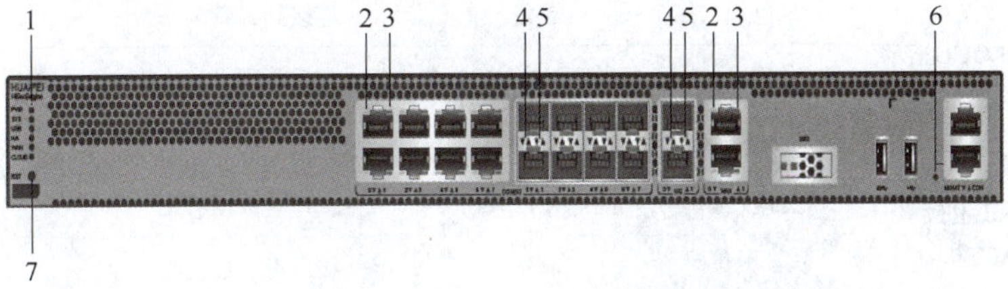

1—PWR、SYS、USB、HA、WAN、CLOUD指示灯；2—GE电接口ACT指示灯；3—GE电接口LINK指示灯；4—光接口ACT指示灯；5—光接口LINK指示灯；6—MGMT接口指示灯；7—RST按钮。

图1.8　防火墙指示灯和按钮

说明：

光接口指示灯的箭头方向和光接口对应，朝下表示下接口，朝上表示上接口。

USG6000E-E03指示灯说明见表1.5。

表 1.5　USG6000E-E03 指示灯说明表

指示灯丝印	指示灯名称	指示灯颜色	指示灯状态	状态描述
PWR	电源指示灯	绿色	常亮	电源工作正常
		—	常灭	电源故障或设备未上电
SYS	SYS指示灯	绿色	常亮	系统处于上电加载或复位启动状态
		绿色	每2 s闪1次（0.5 Hz）	系统处于正常运行状态
		绿色	每秒闪4次（4 Hz）	系统处于启动中
		红色	常亮	系统故障；电源异常告警；风扇异常告警。 说明： 系统以双电源状态启动时，如果其中一个电源未上电，则SYS指示灯状态为红色常亮，但系统会正常运行
		—	常灭	系统未运行
USB	USB指示灯	绿色	常亮	U盘开局完成
		绿色	每秒闪4次（4 Hz）	U盘开局数据读取中
		红色	常亮	U盘开局失败
		—	常灭	未启用U盘开局，系统默认状态

续表

指示灯丝印	指示灯名称	指示灯颜色	指示灯状态	状态描述
HA	HA指示灯	绿色	常亮	双机热备，管理主设备
		绿色	每2 s闪1次（0.5 Hz）	双机热备，管理从设备
		红色	常亮	双机热备故障
		—	常灭	未开启双机热备功能
WAN	WAN指示灯	—	常灭	功能预留，暂未启用
CLOUD	CLOUD指示灯	绿色	常亮	连接到云管理平台
		绿色	每秒闪4次（4 Hz）	与云管理平台连接中，有数据收发
		—	常灭	未连接注册到云管理平台
—	GE电接口ACT指示灯	黄色	闪烁（12 Hz）	接口有数据收发
		—	常灭	接口没有数据收发
—	GE电接口LINK指示灯	绿色	常亮	接口链路已经连通
		—	常灭	接口链路没有连通
—	光接口ACT指示灯	黄色	闪烁（12 Hz）	接口有数据收发
		—	常灭	接口没有数据收发
—	光接口LINK指示灯	绿色	常亮	接口链路已经连通
		—	常灭	接口链路没有连通
—	MGMT接口指示灯	绿色	常亮	接口链路已经连通
		绿色	闪烁（12 Hz）	接口有数据收发
		—	常灭	接口链路没有连通

USG6000E-E03按钮说明见表1.6。

表 1.6　USG6000E-E03 按钮说明表

按钮丝印	按钮名称	描　述
RST	RST按钮	当设备正常运行时，按下RST按钮将重新启动设备。建议按RST按钮前保存当前配置。 该按钮还可用于一键恢复默认配置，即长时间按住复位按钮5 s，松开RST按钮，设备恢复出厂默认配置并重新启动

（2）接口：

USG6000E-E03重点组件接口外观如图1.9所示。

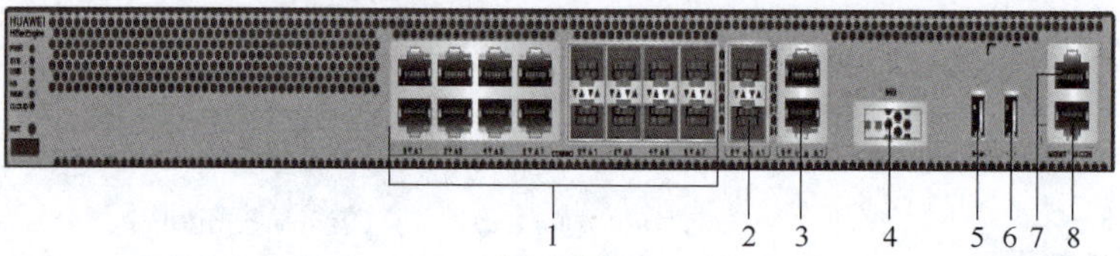

1—光电互斥接口；2—10GE光接口；3—WAN接口；4—SSD卡插槽；5—USB 3.0接口/USB0；6—USB 2.0接口/USB1；7—Console接口；8—MGMT接口。

图1.9　防火墙接口图

USG6000E-E03接口说明见表1.7。

表 1.7 USG6000E-E03 接口说明表

接口名称	连接器类型	描述	可使用的部件
光电互斥接口（Combo接口，0~7）	RJ45+SFP	Combo接口是一个逻辑接口，一个Combo接口对应面板上一个电接口和一个光接口，而在设备内部只有一个转发接口。电接口与其对应的光接口是光电复用关系，两者不能同时工作（例如，当激活光接口时，对应的电接口就自动处于禁用状态）。电接口和光接口共用一个接口视图，其接口编号为GigabitEthernet0/0/0~GigabitEthernet0/0/7。默认情况下，Combo接口工作在电接口状态。可根据组网需求通过命令combo enable { copper | fiber }选择使用电接口或光接口。 说明： 指示灯的箭头方向和接口对应，朝下就表示下接口，朝上就表示上接口	网线 100 Mbit/s SFP光模块 1 Gbit/s eSFP光模块
10GE光接口（0~1）	SFP+	2个10GE以太网光接口，接口编号为XGigabitEthernet0/0/0~XGigabitEthernet0/0/1。 说明： 10GE光接口从V600R007C20版本开始支持1 Gbit/s SFP光电模块和1 Gbit/s eSFP光模块。默认情况下，10 GE光接口的接口传输速率为10 Gbit/s。可根据组网需求，执行命令set device port-config-mode[10ge | ge]，将10 GE光接口的接口传输速率切换为10 Gbit/s	1 Gbit/s SFP光电模块； 1 Gbit/s eSFP光模块； 10 Gbit/s SFP+光模块
WAN接口（0~1）	RJ45	2个10/100/1 000 Mbit/s自适应以太网电接口，接口编号为WAN0/0/0~WAN0/0/1。 通过网线，将设备连接至广域网或云管理中心	网线
SSD卡插槽	—	插接M.2模块，为用户提供实时记录日志和报表。M.2模块为可选配置，请根据需要向华为公司选购M.2模块	硬盘单元M.2-Sata240G-A
USB 3.0接口/USB0	USB Type A	插接U盘，通过U盘升级设备的系统软件等	U盘
USB 2.0接口/USB1	USB Type A	插接U盘，通过U盘升级设备的系统软件等	U盘
Console接口	RJ45	Console接口用于连接控制台，实现本地配置功能。通过Console配置线连接Console接口（RJ45）到PC的串口（COM），然后使用串口终端软件访问设备的命令配置界面，输入相应命令可对设备进行配置、管理和维护	Console配置线
MGMT接口	RJ45	带外管理口，为10/100/1 000 Mbit/s RJ45自适应以太网接口，接口编号为MEth0/0/0，默认IP地址为192.168.0.1。 将本接口通过网线连接到PC的网口上或者PC路由可达的网络接口上，通过Telnet访问设备的命令配置界面，或者通过Web浏览器访问设备的Web配置界面，可以对设备进行配置、管理和维护。 说明：MGMT接口不支持作为业务接口使用	网线

4. 供电系统

设备的供电系统由1个交流电源模块PAC60S12-AR组成，支持选购双电源，形成1+1冗余备份。

5. 散热系统

设备的散热系统由1个FAN-023A-B对系统进行抽风散热。从前面板侧看，系统风道为前进、后出的风道形式。进风口位于前侧，出风口位于后侧。其中，风扇模块位于系统出风口，系统气流走向如图1.10所示。

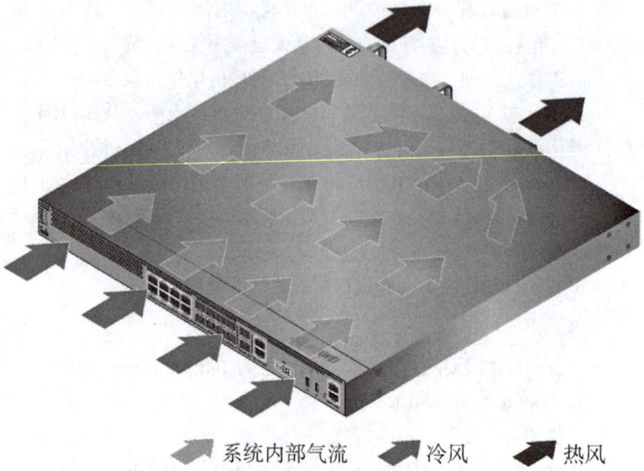

图1.10　防火墙USG6000E-E03系统气流走向

6. 技术指标

USG6000E-E03技术指标见表1.8。

表 1.8　USG6000E-E03 技术指标表

项　　目	描　　述
安装方式	机架、工作台
安装机柜标准	600 mm及以上深度的机柜
尺寸（宽×深×高，不含包材）	442 mm×420 mm×43.6 mm
尺寸（宽×深×高，含包材）	550 mm×530 mm×220 mm
机箱高度/U	1U
质量（含包材）	7.93 kg
质量（不含包材）	5.95 kg
处理器规格	4核CPU、主频1.4 GHz
内存	DDR4 4 GB
NOR Flash规格	32 MB。 说明： 后期发货设备的NOR Flash规格为64 MB，可用display version命令查看设备NOR Flash规格值
NAND Flash规格	2 GB
硬盘	选配，M.2固态硬盘（240 GB），可热插拔

续表

项　目	描　述
Console接口类型	RJ-45
Eth管理网口类型	RJ-45
最大功耗	45.3 W
最大散热值	154.4 BTU/h
MTBF	68.98 年
MTTR	2 h
供电制式	AC内置
电源模块数量	1
额定输入电压	100~240 V，50 Hz/60 Hz
输入电压范围	90~290 V，47~63 Hz
风扇类型	可插拔风扇
风扇模块数量	1
散热方式	抽风散热
气流走向	前面板进，后面板出
10GE最大端口数量	2
GE最大端口数量	8
电口最大端口数量	8
电源冗余	支持选购双电源，形成1+1冗余备份
长期工作环境温度	0~45 ℃
存储温度	-40~70 ℃
长期工作环境相对湿度	5%~95% RH，无冷凝
存储相对湿度	5%~95% RH，无冷凝
长期工作海拔高度	0~5 000 m
存储海拔高度	0~5 000 m

说明

（1）“宽”为不带挂耳的尺寸。

（2）“高”为1U，1U=1.75英寸，约为44.45 mm，是IEC（International Electrotechnical Commission）60297标准中定义的高度单位。

（3）温度、湿度的测量点，是指在机柜前后没有保护板的情况下，距地板以上1.5 m和距机柜前方0.4 m处测量的数值。

任务二　了解防火墙的操作系统

在深入探索防火墙的操作系统时，首先需要对一些关键内容有清晰的认知。VRP作为防火墙操作系统的重要组成部分，有着独特的功能和特性，它是理解防火墙操作系统运行机制的基础。命令行则是与防火墙操作系统进行交互的关键途径，熟练掌握命令行知识，可以更高效地配置和管理防火墙。同时，命令行帮助也是不可忽视的内容，它可以在使用命令行过程中遇到问题时提供及时有效的指引。下面，将阐述VRP的功能、命令行以及命令行帮助这几方面的内容，助力读者全面了解防火墙的操作系统。通过任务实践1-2防火墙登录管理及基础配置，将此前所学的理论知识与实际设备紧密结合，进一步加深VRP、命令行等方面的理解和应用能力。

一、VRP简介

VRP（versatile routing platform，通用路由平台）是华为在通信领域多年的研究经验结晶，是华为所有基于IP/ATM构架的数据通信产品操作系统平台。运行VRP操作系统的华为产品包括路由器、局域网交换机、ATM交换机、拨号访问防火墙、IP电话网关、电信级综合业务接入平台、智能业务选择网关，以及专用硬件防火墙等。

VRP提供以下功能：

（1）实现统一的用户界面和管理界面。

（2）实现控制平面功能，并定义转发平面接口规范。

（3）实现各产品转发平面与VRP控制平面之间的交互。

（4）屏蔽各产品链路层对于网络层的差异。

二、命令行简介

命令行界面（command line interface，CLI）是用户与路由器进行交互的常用工具。用户登录到路由器出现命令行提示符后，即进入命令行界面。

华为提供的命令按照一定的格式设计，用户可以通过命令行界面输入命令，由命令行界面对命令进行解析，实现用户对路由器的配置和管理。

一般情况下，华为的命令由命令字、关键字、参数列表组成，如图1.11所示。

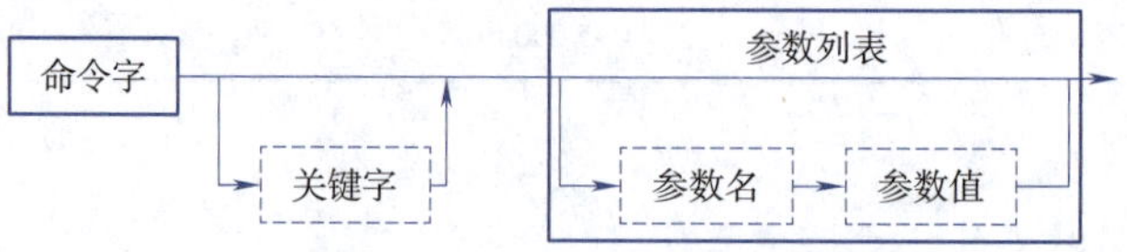

图1.11　华为命令行示意图

（1）命令字：规定了系统应该执行的功能，如display（查询设备状态）、reboot（重启设备）等命令字。

（2）关键字：特殊的字符构成，用于进一步约束命令，是对命令的拓展，也可用于表达命令构成逻辑而增设的补充字符串。

（3）参数名：指定要查看的信息类型，如ip interface，这部分指定了要查看的信息类型，即接口的IP配置，包括IP地址、子网掩码、接口状态等。

（4）参数值：指定要查看参数的具体值，如GE0/0/0，这是指定的接口名称。在网络设备中，接口有不同的类型（如以太网接口、串行接口等）和编号。GE代表GigabitEthernet（千兆以太网），是常见的以太网接口类型，0/0/0是接口的编号。

（5）参数列表：是对命令执行功能的进一步约束，包括一对或多对参数名和参数值。

例如：

```
display ip interface GE0/0/0          # 查看显示指定接口的 IP 配置信息的命令
```

其中，display为命令字；ip为关键字；interface为参数名；GE0/0/0为参数值。

（6）命令行视图：设备提供了多样的配置和查询命令，为便于用户使用这些命令，VRP系统按功能分类将命令分别注册在不同的命令行视图下。具体情况如图1.12所示。

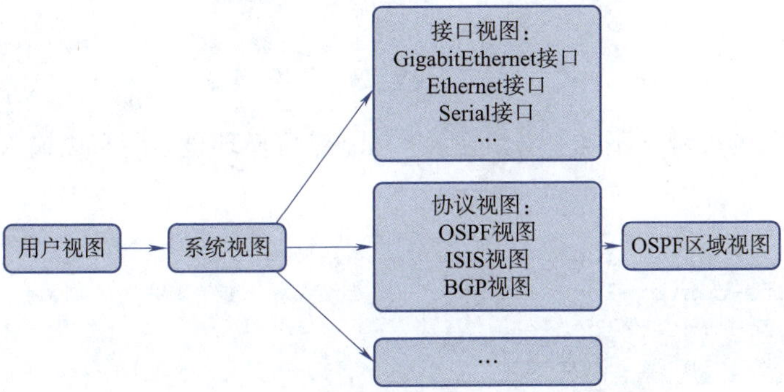

图1.12 华为命令行视图

- 用户视图：用户可以完成查看运行状态和统计信息等功能。
- 系统视图：用户可以配置系统参数以及通过该视图进入其他的功能配置视图。
- 其他视图：如接口视图、协议视图，用户可以进行接口参数和协议参数配置。

三、命令行帮助

设备的命令行界面提供基本的命令行编辑功能，以下为常用的编辑功能：

1. 功能键

（1）退格键<Backspace>：删除光标位置的前一个字符，光标左移，若已经到达命令首，则响铃告警。

（2）左光标键<←>或<Ctrl+B>：光标向左移动一个字符位置，若已经到达命令首，则响铃告警。

（3）右光标键<→>或<Ctrl+F>：光标向右移动一个字符位置，若已经到达命令尾，则响铃告警。

2. 不完整关键字输入

设备支持不完整关键字输入，即在当前视图下，当输入的字符能够匹配唯一的关键字时，可以不必输入完整的关键字。例如：

```
<Huawei>d cu
```

```
<Huawei>di cu
<Huawei>dis cu
<Huawei>d c
          ^
Error:Ambiguous command found at '^' position.
<Huawei>dis c
               ^
Error:Ambiguous command found at '^' position.
```

对于display current-configuration命令可以输入d cu、di cu或dis cu等基础命令代码，但不能输入d c或dis c等，因为以d c、dis c开头的命令不唯一。

3. <Tab>键的使用

如果与之匹配的关键字唯一，按<Tab>键，系统自动补全关键字，补全后反复按<Tab>键关键字不变。

```
[Huawei]info-                    # 按 <Tab> 键
[Huawei]info-center
```

如果与之匹配的关键字不唯一，反复按<Tab>键可循环显示所有以输入字符串开头的关键字。

```
[Huawei]info-center log          # 按 <Tab> 键
[Huawei]info-center logbuffer    # 继续按 <Tab> 键循环翻词
[Huawei]info-center logfile
[Huawei]info-center loghost
```

如果没有与之匹配的关键字，按<Tab>键后，关键字不变。

```
[Huawei]info-center log          # 按 <Tab> 键
[Huawei]info-center logbuffer    # 继续按 <Tab> 键循环翻词
[Huawei]info-center logfile
[Huawei]info-center loghost
```

4. “？”的使用

用户在使用命令行时，可以使用在线帮助以获取实时帮助，从而无须记忆大量复杂的命令。

命令行在线帮助可分为完全帮助和部分帮助，可通过输入“?”实现。命令行在线帮助举例如图1.13所示。

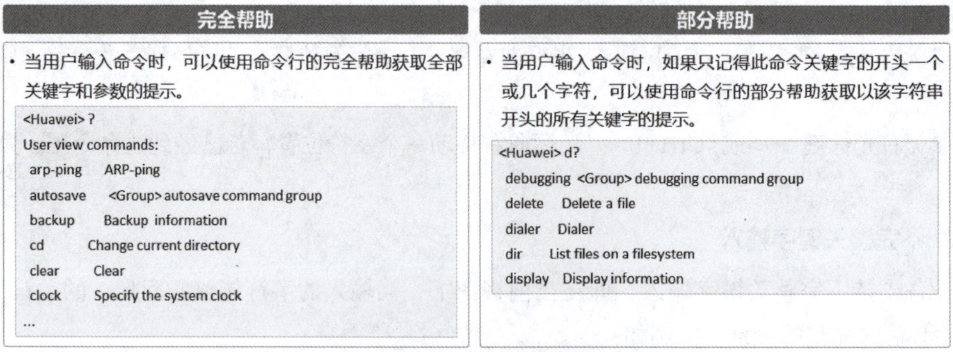

图1.13 命令行在线帮助举例

解读命令行的错误信息，如图1.14所示。

```
[Huawei] sysname
                ^
Error:Incomplete command found at '^' position.         #箭头所指地方提示命令不完整，需要进一步补齐

[Huawei] router if 1.1.1.1
                ^
Error: Unrecognized command found at '^' position.      #箭头所指地方提示该命令不能识别，需要确认命令正确性

[Huawei] a
         ^
Error:Ambiguous command found at '^' position.          #箭头所指的命令不明确，有多个a开头的关键字

[Huawei-GigabitEthernet0/0/0]ospf cost 800000           #箭头所指的参数值越界
                                       ^
Error: Wrong parameter found at '^' position.
```

图1.14　命令行错误信息解读

任务实践 1-2 防火墙登录管理及基础配置

登录管理及基础配置步骤如下：

（1）通过console口登录，需要将console线缆接入console接口，再使用putty等终端软件管理设备，登录过程如图1.15所示。

（2）通过Web登录，使用网线将计算机和防火墙的千兆以太网口连接，并配置IP地址及Web服务，计算机使用浏览器登录设备。登录过程如图1.16所示。

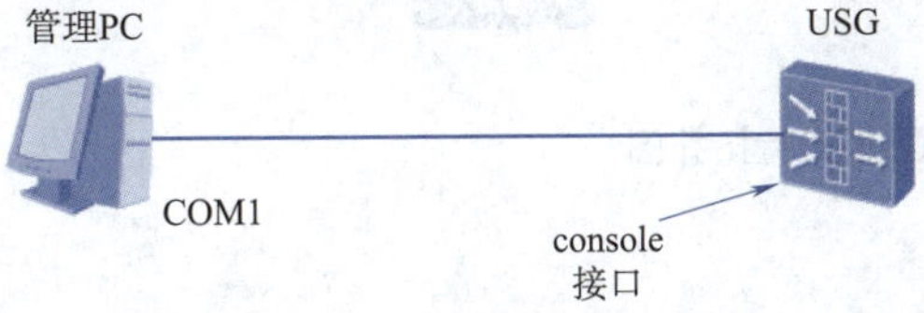

图1.15　通过console口登录

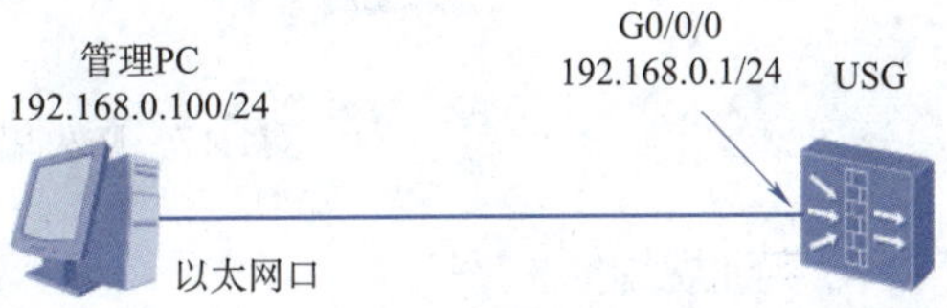

图1.16　通过Web登录

（3）配置设备主机名。配置默认用户设备主机名的具体命令，默认用户名为admin，默认初始密码为Admin@123。配置命令如下：

```
#system-view                # 进入系统视图
#sysname FW                 # 对防火墙进行重命名
```

（4）配置时间和日期。配置时间和日期的具体操作命令如下：

```
#display clock                              # 查看防火墙时间
#clock timezone beijing add 8               # 设置时区
#clock datetime 21: 14: 50 2022-12-12       # 设置时间及日期
#ntp-service unicast-server 1.1.1.1         # 配置时间同步服务器地址
```

（5）配置保存。用户视图下使用save命令按提示进行保存。

```
<USG6000V1>save
The current configuration will be written to hda1:/vrpcfg.cfg.
Are you sure to continue?[Y/N]y
Now saving the current configuration to the slot 0.
Dec 26 2022 04:24:16 USG6000V1 %%01CFM/4/SAVE(s)[0]:The user chose Y when decidi
ng whether to save the configuration to the device.
Save the configuration successfully.
<USG6000V1>
```

项目实训——防火墙基础配置

一、实训描述

1. 实训目标

通过尝试防火墙的基础配置，熟悉防火墙的基本操作。

2. 实训目的

（1）掌握设备命名的方法。

（2）掌握配置设备时间的方法。

（3）掌握配置文件备份和恢复的方法。

3. 实训组网

根据防火墙基础配置实验拓扑图1.17中所给出的基础信息，选择适合的方式完成防火墙登录、基础配置等操作。

图1.17　防火墙基础配置实验拓扑图

4. 实训规划

管理员通过各种方式登录到防火墙上，配置防火墙主机名、时间及配置文件的备份与恢复。

5. 实训任务

实训任务见表1.9。

表 1.9　实训任务

序号	任　务	任务说明
1	登录设备	通过默认Web等方式登录设备
2	防火墙基础配置	（1）防火墙基础配置包括设备命名、设备时间和设备配置的备份与恢复。 （2）备份配置文件以防配置丢失。 （3）恢复配置文件用于将配置文件从本地上传到设备上

6. 实训任务配置

（1）登录防火墙。

（2）配置防火墙主机名。

（3）配置防火墙时间。

（4）备份及恢复防火墙的配置文件。

二、实训步骤

1. 配置步骤——CLI方式

（1）通过登录console、Telnet或SSH等方式连接防火墙。

（2）设备建立连接后，将所有设备上电，并且保证设备运行正常。

配置设备主机名，具体操作命令如下：

```
1  # <USG> system-view                         # 进入系统视图
2  # [USG] sysname USG_A                       # 修改设备的名称为 USG_A
```

配置时间，具体操作命令如下：

```
1  # <USG_A> clock datetime 0: 0: 0 2009-01-01          # 修改系统日期和时间
2  # <USG_A> clock timezone BJ add 08: 00: 00（可选）   # 修改时区
```

注意：如果系统默认的UTC是伦敦时间，伦敦当地时间为2009年1月1日0时0分0秒，想要得到对应的北京时间的方法是：北京处于+8时区，时间偏移量增加了8。在配置时，就是在系统默认的UTC时区的基础上，加上偏移量8，才能得到预期的北京时区。

（3）备份和恢复配置文件。备份和恢复配置文件可以通过FTP文件传输功能实现，因此配置防火墙为FTP Server。

①配置防火墙接口GE1/0/1的IP地址为10.1.2.1/24、接口加入trust区域，放行FTP文件传输的包过滤规则，具体操作命令如下：（注：后续章节详解安全策略）

```
1  # [USG_A] security-policy                    # 进入安全策略视图
2  # [USG_A-policy-security] rule name FTP_backup       # 命名规则
3  # [USG_A-policy-security-rule-FTP_backup] source-zone trust
                                               # 规则中的条件，源区域
4  # [USG_A-policy-security-rule-FTP_backup] destination-zone local
                                               # 规则中的条件，目的区域
5  # [USG_A-policy-security-rule-FTP_backup] service ftp
                                               # 规则中的条件，服务
6  # [USG_A-policy-security-rule-FTP_backup] action permit
                                               # 指定满足条件的动作，放行
```

②开启设备的FTP功能并配置FTP用户名、密码及FTP路径。具体操作命令如下：

```
1  # <USG_A> system-view                       # 进入系统视图
2  # [USG_A] ftp server enable                 # 使能 FTP 服务
Info:Start FTP server                          # 提示信息，FTP 服务开启
3  # [USG_A] aaa                               # 进入 AAA 视图
4  # [USG_A-aaa] manager-user ftpuser          # 创建用户，ftpuser
5  # [USG_A-aaa-manager-user-ftpuser] service-type ftp
                                               # 用户可使用的服务，ftp
6  # [USG_A-aaa-manager-user-ftpuser] password cipher Ftppass#
                                               # 指定用户的密码
7  # [USG_A-aaa-manager-user-ftpuser] level 3
                                               # 用户可以使用的命令级别为 3
8  # [USG_A-aaa-manager-user-ftpuser] ftp-directory hda1: /
                                               # 指定该用户 FTP 主目录
```

（4）从配置终端使用ftp命令登录到设备上。具体操作步骤如下：

①备份：使用get命令从设备下载文件到PC。这里以安装Windows操作系统的PC为例，选择“开始→运行”命令，输入cmd后单击“确定”按钮，出现以下操作命令：

```
C: \Documents and Settings\Administrator> ftp 10.1.2.1
Connected to 10.1.2.1
220 FTP service ready.
User (10.1.2.1: (none) ): ftpuser
331 Password required for ftpuser.
Password:
230 User logged in.
ftp> get vrpcfg.zip
200 Port command okay.
150 Opening ASCII mode data connection for vrpcfg.zip.
226 Transfer complete.
ftp: 收到 5203 字节，用时 0.01Seconds 346.87Kbytes/sec.
ftp> lcd
Local directory now C: \Documents and Settings\Administrator.
```

②恢复：恢复使用put命令将文件上传到设备上。

```
ftp> put vrpcfg.zip
200 Port command okay.
150 Opening ASCII mode data connection for vrpcfg.zip.
226 Transfer complete.
ftp: 发送 5203 字节，用时 0.00Seconds 5203000.00Kbytes/sec.
```

（5）在USG设备中配置命令行，配置设备下次启动使用的配置文件，具体操作命令如下：

```
命令 1#<USG_A > startup saved-configuration vrpcfg.zip
                                    # 指定下次启动使用的配置文件
```

2. 配置步骤——Web方式

设备建立连接后，将所有设备上电，并且保证设备运行正常。通过Web管理方式，登录到设备中。

（1）配置设备主机名：

①选择“系统”→“系统信息”→“设备名称”命令，单击“更改”按钮，配置窗口如图1.18所示。

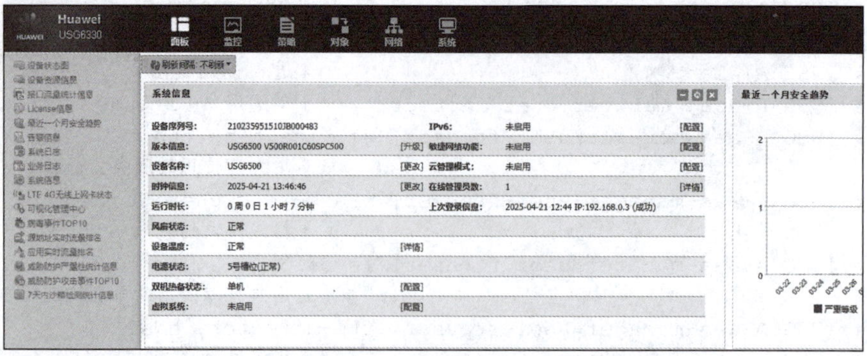

图1.18　配置设备主机名窗口

②配置时间：选择“系统”→“配置”→“时钟配置”命令，配置窗口如图1.19所示。

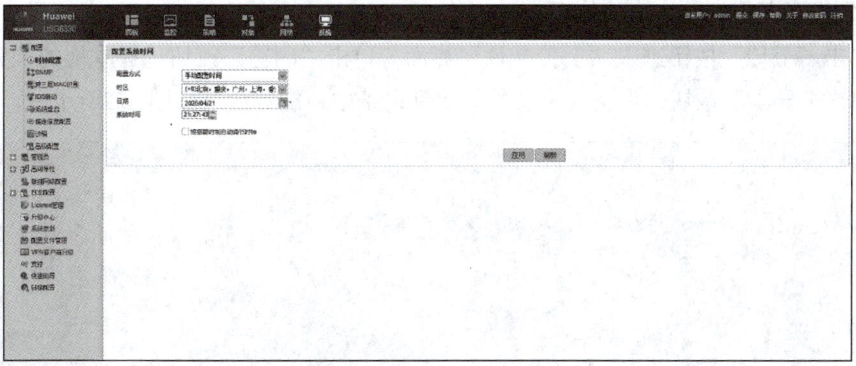

图1.19　配置系统时间窗口

（2）备份和恢复配置文件

①备份配置文件。操作步骤如下：

- 选择“系统”→“配置文件管理”进入配置管理界面。单击“选择”按钮，进入配置文件管理界面，配置窗口如图1.20所示。

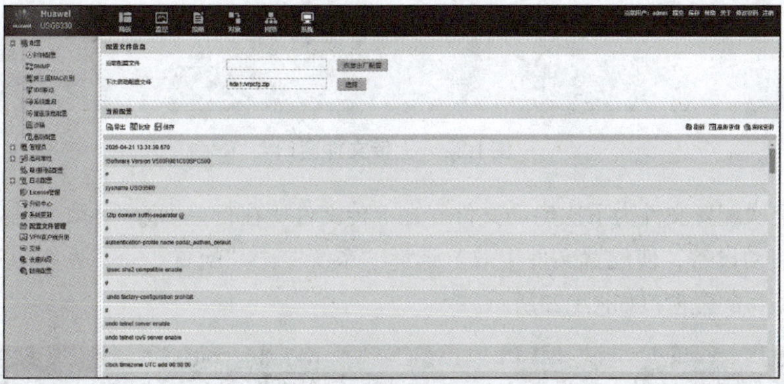

图1.20　备份和恢复配置文件窗口

- 单击待备份的配置文件对应的下载图标，配置窗口如图1.21所示。

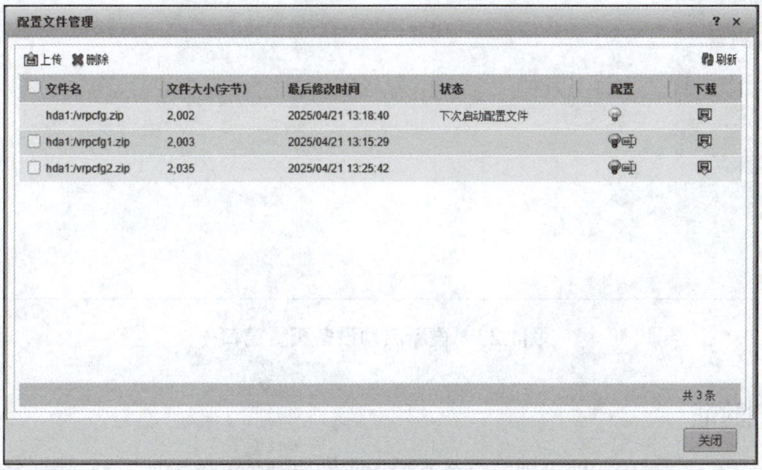

图1.21　待备份配置文件窗口

注意：表示此配置文件当前正在使用，可单击图标下载配置文件到本地。

②恢复配置文件。操作步骤如下：

- 单击“上传”按钮进入“上传文件”界面。单击“浏览”按钮选择本地的配置文件后，单击“导入”按钮，设备会将文件上传到设备中，配置窗口如图1.22所示。

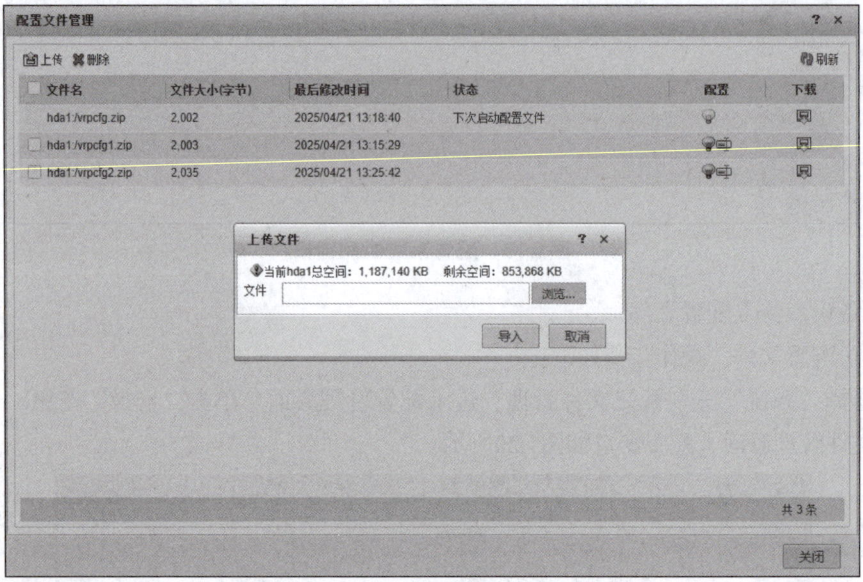

图1.22　上传文件窗口

- 设置上次配置文件为下次启动文件。在上传文件所在行单击图标，图标变成。
- 重新启动设备，使配置文件生效。选择“系统”→“配置”→“系统重启”命令，重启设备，配置窗口如图1.23所示。

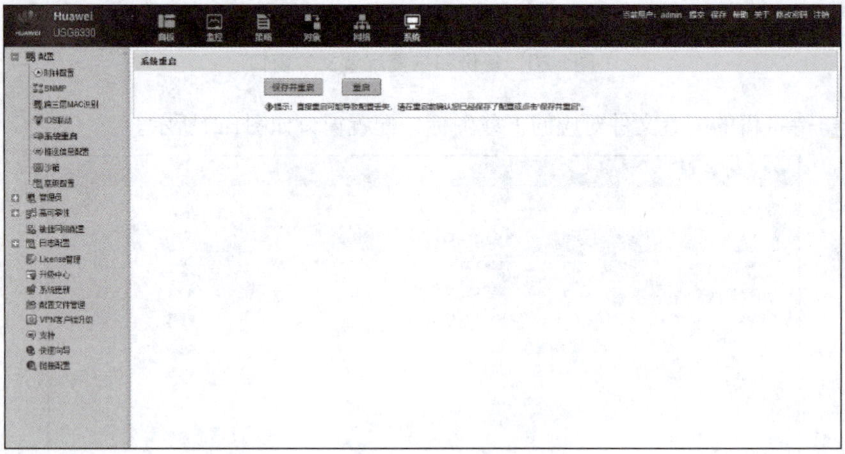

图1.23　重新启动设备配置窗口

三、实训验证

选择“系统”→“配置文件管理”命令查看下一次启动的配置文件，配置窗口如图1.24所示。

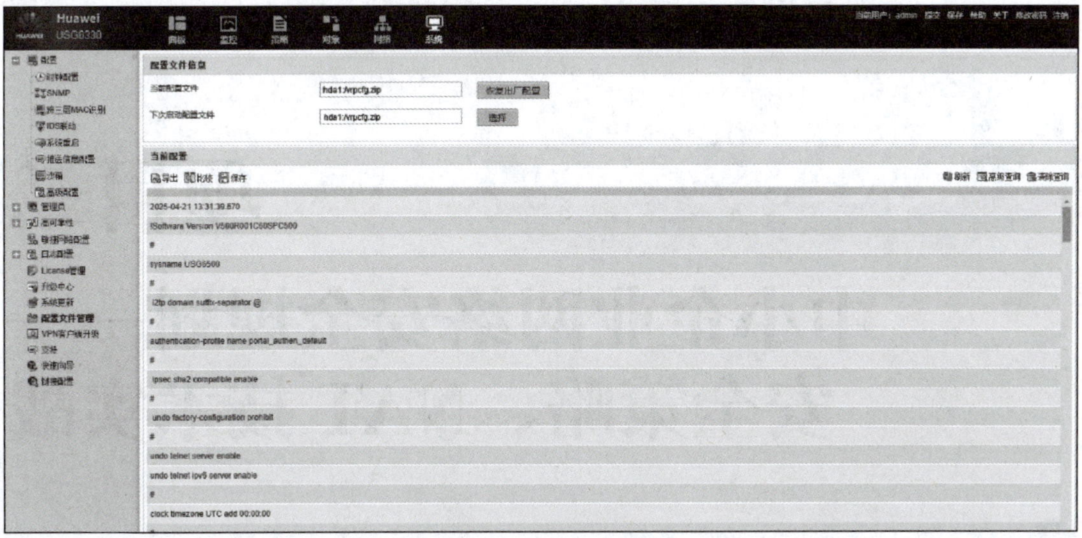

图1.24　下次启动配置窗口

小　　结

本项目主要介绍了防火墙的定义、分类、历史、特点等，并对防火墙的管理进行了初步讲解。

习　　题

1. 以下（　　）情况下会产生Server Map表。

A. 配置NAT No-PAT　　B. 配置NAT服务器映射

C. 配置ASPF　　D. 配置防火墙的长连接

2. 默认情况下，防火墙有四个安全区域，且不能修改安全级别。（　　）

A. 正确　　B. 错误

项目二

中小企业网络安全规划——安全策略、NAT 技术实战

项目导入

小张是某企业网络管理员，企业主营业务为网络推广和网络销售。由于需要频繁与用户进行网络沟通和通过网络展示产品及宣传等工作，公司需要有一个稳定的公网IP地址，运营商核实情况后给予该企业一个公网IP。众所周知，公网IP数量有限，为了满足大量设备和行业的上网需求需要进行地址转换操作，同时由于企业有核心部门，还需要小张指定访问的权限，以此保证企业网络的安全性，小张应该如何解决面临的企业问题？

项目目标

（1）了解安全策略的原理和应用的环境。

（2）了解NAT技术的原理。

（3）掌握安全策略的配置和NAT技术的应用。

知识储备

一、安全策略

安全策略是针对企业或组织所面临的安全威胁和风险，基于安全目标和需求而制定的一系列计划、方针和措施。一个有效的安全策略可以降低企业所遭受到的安全风险和损失，保护企业的资产、数据和声誉。以下是安全策略的一些知识储备：

1. 安全目标

安全策略的设计者务必清晰界定企业的安全目标，涵盖需要保护的对象、抵御的威胁类型，以及制定相应的应对策略等方面。

2. 风险评估

风险评估是一个有效的安全策略的前提。通过对企业现状和潜在威胁的分析，进行风险评估，并制定相应的应对措施。

3. 安全方针

安全方针是安全策略的基础，它是企业在安全管理方面所制定的基本规范、标准和操作程序等。

4. 应对措施

应对措施指的是企业对各种安全威胁和风险的具体处置方案。不同的企业或组织在面临不同安全问题时需要采取不同的应对措施。

5. 安全培训和教育

企业还需要对员工进行安全培训和教育，提升员工的安全意识和安全素质，让员工成为企业的安全屏障。

6. 定期评估和更新

企业需要定期评估和更新安全策略，以适应不断变化的安全环境和安全威胁。

二、NAT技术

NAT（network address translation，网络地址转换）是一种将一个IP地址转换为另一个IP地址的技术。它通常用来将内部网络上的私有IP地址转换为公共IP地址，以便让内部网络的计算机可以访问互联网，并保护内部网络的安全。NAT有三种常见的形式：静态NAT、动态NAT和PAT（端口地址转换）。静态NAT是将固定的私有IP地址映射为固定的公共IP地址。动态NAT是将私有IP地址动态映射为可用的公共IP地址。PAT是将一个公共IP地址映射到多个私有IP地址上，并通过不同的端口号来区分。

任务一　认识防火墙工作原理——安全策略

在网络安全防护体系中，防火墙是至关重要的一环，而其安全策略更是保障网络安全的核心机制。本任务旨在深入剖析防火墙安全策略，首先介绍安全区域，它是防火墙进行安全管理的基础划分，不同区域有着不同的安全等级与访问规则。接着阐述安全策略基础的包过滤技术，它通过对数据包的关键信息进行检查，决定是否放行，是防火墙最基本的防护手段。安全策略分类详细说明了防火墙中各类策略的类型，有助于更精准地制定防护方案。防火墙转发原理关乎数据包在网络中的流转路径，理解它能更好地把控数据传输的安全性。安全策略的工作流程进一步阐述了从接收数据包到依据策略进行处理的全过程。在任务实践部分，分别通过CLI方式和Web方式配置安全策略，提供实际操作层面指导。

一、安全区域

安全区域（security zone），简称为区域（zone），是指在网络环境中，根据不同的安全需求和网络功能，将网络划分为具有不同安全级别和访问控制要求的逻辑区域。

1. Zone组成要素

（1）接口与网络：安全区域是由一个或多个网络接口所连接的网络范围。这些接口可以是物理接口（如以太网接口），也可以是逻辑接口（如虚拟专用网络接口）等。每个接口连接着特定的网络，这些网络共同构成了安全区域的实体部分。

（2）用户与设备：安全区域内包含了各种用户终端设备（如计算机、服务器、移动设备）等，以及网络中的各种基础设施（如路由器、交换机等）。这些用户和设备在相应的安全区域内进行数据交互和业务操作。

（3）实现访问控制：通过将网络划分为不同的安全区域，可以针对不同区域之间的访问制定详细的安全策略。例如，将内部办公网络划分为一个安全区域，将外部互联网划分为另一个安全区域，防火墙可以根据预设的规则，严格控制内部网络与外部网络之间的访问流量，防止未经授权的访问和恶意攻击。

（4）保障网络安全：不同的安全区域具有不同的安全风险和安全需求。例如，企业的核心数据中心通常划分为高安全级别的区域，只有经过严格授权的用户和设备才能访问，以保护关键数据的安全；而员工的办公网络区域相对安全级别较低，但也需要与核心区域进行隔离，防止内部攻击和数据泄露。

2. Zone特性与应用规则

（1）安全策略都基于安全区域实施。

（2）在同一安全区域内部发生的数据流动是不存在安全风险的，不需要实施任何安全策略。

（3）只有当不同安全区域之间发生数据流动时，才会触发设备的安全检查，并实施相应的安全策略。

（4）在防火墙中，同一个接口所连网络的所有网络设备一定位于同一个安全区域中，而一个安全区域可以包含多个接口所连的网络。

3. 防火墙缺省安全区域

防火墙支持多个安全区域，默认支持非受信区域（untrust）、非军事化区域（DMZ）、受信区域（trust）、本地区域（local）四种预定义的安全区域，还支持用户自定义安全区域。防火墙默认支持的untrust、DMZ、trust、loca四种安全区域，如图2.1所示。

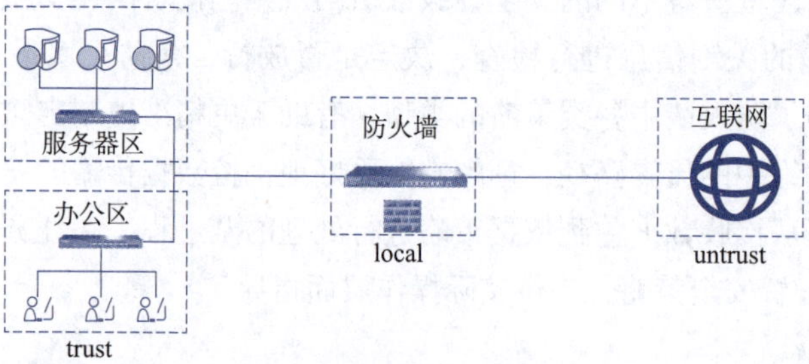

图2.1　防火墙默认安全区域

防火墙默认支持的四个安全区域相关说明如下：

（1）非受信区域：低安全级别的安全区域，安全级别为5。

（2）非军事化区域：中等安全级别的安全区域，安全级别为50。

（3）受信区域：较高安全级别的安全区域，安全级别为85。

（4）本地区域：最高安全级别的安全区域，安全级别为100。

这四个安全区域无须创建，也不能删除，同时各安全级别也不能重新设置。安全级别用1~100的数字表示，数字越大表示安全级别越高。需要注意的是，将接口加入安全区域这个操作，实际上意味着将该接口所连网络加入安全区域中，而该接口本身仍然属于系统预留用来代表设备本身的local安全区域。USG防火墙最多支持32个安全区域。

4. 安全区域与接口关系

在防火墙中是以接口为单位来进行分类，即同一个接口所连网络的所有网络设备一定位于同一安全区域中，而一个安全区域可以包含多个接口所连的网络。这里的接口既可以是物理接口，也可以是逻辑接口。所以，可以通过子接口或者VLAN IF等逻辑接口实现将同一物理接口所连的不同网段的用户划入不同安全区域的功能。两个安全区域之间（简称安全域间）的数据流分两个方向，如图2.2所示。

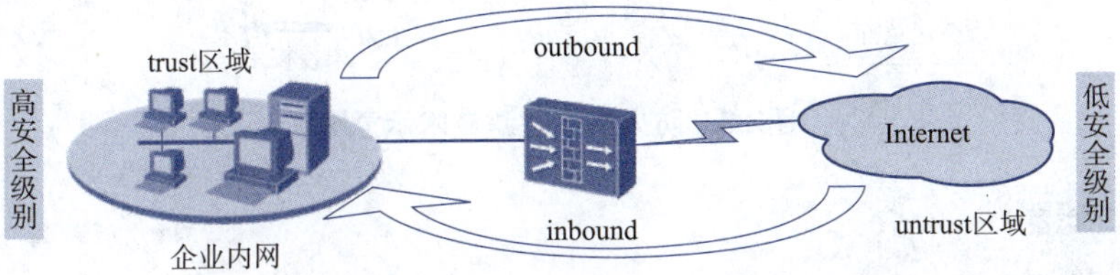

图2.2　防火墙数据流方向示意图

图2.2中重要名词含义及数据流动形式解释如下：

（1）入方向（inbound）：数据由低安全级别的安全区域向高安全级别的安全区域传输的方向。

（2）出方向（outbound）：数据由高安全级别的安全区域向低安全级别的安全区域传输的方向。高优先级与低优先级是相对的。

（3）不同安全级别的安全区域间的数据流动都将激发USG防火墙进行安全策略的检查。可以事先为同一安全区域间的不同方向设置不同的安全策略，当有数据流在此安全域间的两个不同方向上流动时，将触发不同的安全策略检查。

二、安全策略基础——包过滤技术

包过滤作为一种网络安全保护机制，主要用于对网络中各种不同的流量是否转发做最基本的控制。

传统的包过滤防火墙对于需要转发的报文，会先获取报文头信息，包括报文的源IP地址、目的IP地址、IP层所承载的上层协议的协议号、源端口号和目的端口号等，然后和预先设定的过滤规则进行匹配，并根据匹配结果对报文采取转发或丢弃处理。

包过滤防火墙的转发机制是逐包匹配包过滤规则并进行检查，所以转发效率低下。目前，防火墙基本使用状态检查机制，只对一个连接的首包进行包过滤检查。如果这个首包能够通过包过滤规则的检查并建立会话，后续报文将不再继续通过包过滤机制检查，而是直接通过会话表进行转发。

包过滤技术就是针对每一个数据包的包头，按照包过滤规则进行判定，与规则相匹配的包依据路由信息继续转发，否则就丢弃。包过滤是在IP层实现的，包过滤根据数据包的源IP地址、目的IP地址、协议类型（TCP包、UDP包、ICMP包）、源端口、目的端口等包头信息及数据包传输方向等信息来判断是否允许数据包通过。包过滤也包括与服务相关的过滤，这是指基于特定的服务进行包过滤，由于绝大多数服务的监听都驻留在特定TCP/UDP端口，因此，为阻断所有进入特定服务的链接，防火墙只需要将所有包含特定TCP/UDP目的端口的包丢弃即可，如图2.3所示。

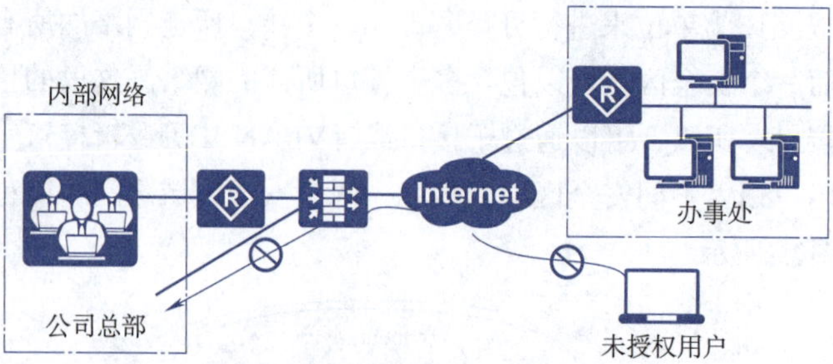

图2.3　防火墙包过滤技术示意图

1. 使用过滤器

数据包过滤用在内部主机和外部主机之间，过滤系统是一台路由器或者一台主机。过滤系统根据过滤规则来决定是否让数据包通过。用于过滤数据包的路由器称为过滤路由器。

2. 数据包信息过滤

数据包过滤是基于对数据包的IP头以及TCP头或UDP头的检查来达成的。其主要检查的信息包括：

（1）IP地址类：IP源地址、IP目标地址。

（2）协议类型：涵盖TCP包、UDP包和ICMP包。

（3）端口类：TCP或UDP包的源端口、TCP或UDP包的目标端口。

（4）ICMP相关：ICMP消息类型。

（5）TCP标志位：TCP包头中的ACK位。

（6）网络接口：数据包到达的端口、数据包出去的端口。

在TCP/IP体系中，存在一些标准的服务端口号，如HTTP服务对应的端口号是80。利用包过滤技术，通过屏蔽特定的端口，就能禁止相应的特定服务。

包过滤系统具备强大的访问控制能力，它能够有效阻塞内部主机与外部主机，或者与其他网络之间的连接。例如，对于那些被判定为有敌意或不可信的主机、网络，包过滤系统可以阻止它们连接到内部网络，从而保障内部网络的安全。

数据包过滤的主要信息有IP源地址、IP目标地址、协议（TCP包、UDP包和ICMP包）、TCP或UDP包的源端口、TCP或UDP包的目标端口、ICMP消息类型、TCP包头中的ACK位、数据包到达的端口、数据包出去的端口。

包过滤系统可以阻塞内部主机和外部主机或另外一个网络之间的连接，例如，可以阻塞一些被视为有敌意或不可信的主机或网络连接到内部网络中。

三、安全策略分类

1. 安全策略（默认情况下，域内安全策略动作为允许）

（1）域间或域内安全策略：用于控制域间或域内的流量，此时的安全策略既有传统包过滤功能，也有对流量进行IPS、AV、Web过滤、应用控制等进一步的应用层检测作用。域间或域内安全策略是包过滤、UTM应用层检测等多种安全检查同时实施的一体化策略。

（2）应用在接口上的包过滤规则：用于控制接口的流量，即传统的包过滤功能，基于IP、MAC地址等二、三层报文属性直接允许或拒绝报文通过。

（3）域间安全策略：需要设置转发出入口方向（即inbound和outbound）。

①转发策略：控制设备转发的流量，包括传统的包过滤和应用层的UTM检测。（UTM仅在该策略中实现）

②本地策略：控制外界与设备的互访，只根据五元组进行控制。

③域内安全策略：基本策略同上，唯一区别是不需要设置转发出入口，且不能对local域内的流量进行控制。

2. UTM策略（应用层检测）

UTM策略通过设置policy（策略）来对匹配条件进行判断，如IPS（入侵防御系统）、AV（防病毒）等UTM策略，默认action（动作）为permit（允许）。

（1）安全策略应用方向：USG（通用安全网关）采用基于对话的安全策略模式，仅对同一会话的首包进行检测，后续包则直接按照首包的动作进行处理。因此，对于同一条会话，仅需要在首包的发起方向，即访问发起的方向应用安全策略即可。

（2）配置安全策略注意事项：

①在配置安全策略时，需要遵循先配置明细策略，再配置宽泛策略的原则。这是为了避免因先配置宽泛策略而屏蔽了对特定流量的细化控制，确保安全策略能够精准且全面地发挥作用。

②通过设置policy对匹配条件进行判断，IPS、AV等UTM策略默认action为permit。

③由于USG是基于对话的安全策略，只需要在访问发起的方向应用安全策略。

3. 防火墙的三种工作模式

（1）路由模式：防火墙以第三层对外连接（接口具有IP地址），此时可以完成ACL包过滤、ASPF动态过滤、NAT转换等功能。

注意：路由模式需要对网络拓扑进行修改。

（2）透明模式：防火墙以第二层对外连接（接口没有IP地址），此时相当于交换机，部分防火墙不支持STP。

（3）混合模式：混合上面两种模式。

4. 防火墙数据包安全匹配顺序

NAT服务器、域间的ACL规则、域间的ASPF、域间的NAT、域间的缺省规则。

四、防火墙转发原理

防火墙技术是安全技术中的一个具体体现，这里讨论的是硬件防火墙，它将各种安全技术融合在一起，采用专用的硬件结构，选用高速的CPU、嵌入式操作系统，支持各种高速接口（如LAN接口），用来保护私有网络的安全。硬件防火墙可以独立于操作系统、计算机设备运行，用来集中解决网络安全问题，可以适合各种场合，同时能够提供高效率的“过滤”。同时，它可以提供包括访问控制、身份验证、数据加密、VPN技术、地址转换等安全特性，用户可以根据自己网络环境的需要配置复杂的安全策略，阻止一些非法的访问，保护自己的网络安全。

现代的防火墙不应该只是一个“入口的屏障”，应该是几个网络的接入控制点，所有进出被防火墙保护的网络的数据流都应该首先经过防火墙，形成一个信息进出的关口，因此防火墙不但可以保护内部网络在Internet中的安全，同时也可以保护若干主机在一个内部网络中的安全。在每一个被防火墙分割的网络内部，所有的计算机之间是被认为“可信任的”，它们之间的通信不受防火墙的干涉。而在各个被防火墙分割的网络之间，必须按照防火墙规定的“策略”进行访问。

防火墙可以工作在二层模式和三层模式下，如图2.4所示。

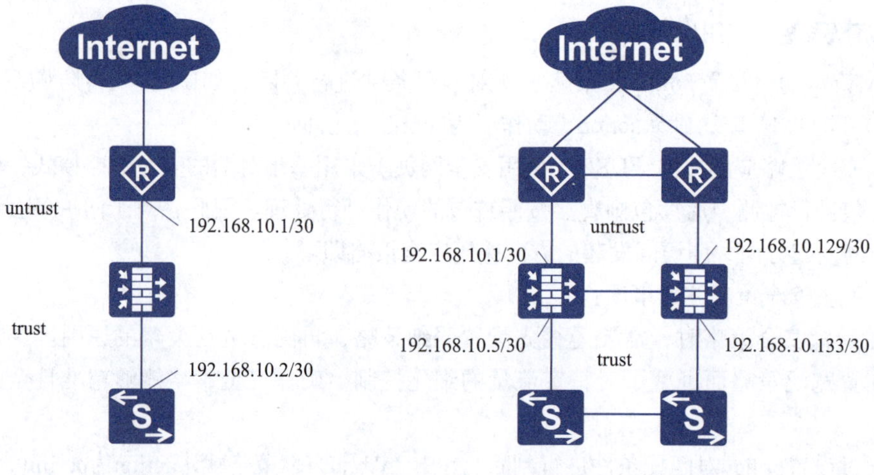

（a）二层模式　　（b）三层模式

图2.4　防火墙组网方式示意图

（1）二层模式：防火墙只进行报文转发，不能进行路由寻址，与防火墙相连的两个业务网络必须在同一个网段中。此时防火墙上下行接口均工作在二层，接口无IP地址。

防火墙此组网方式可以避免改变拓扑结构造成的麻烦，只需要在网络中像放置网桥（bridge）一样串入防火墙即可，无须修改任何已有的配置。IP报文同样会经过相关的过滤检查，内部网络用户依旧受到防火墙的保护。

（2）三层模式：防火墙位于内部网络和外部网络之间时，与内部网络、外部网络相连的上下行业务接口均工作在三层，需要分别配置成不同网段的IP地址。防火墙负责在内部网络、外部网络中进行路由寻址，相当于路由器。

此组网方式，防火墙可支持更多的安全特性，如NAT、UTM等功能，但需要修改原网络拓扑，如内部网络用户需要更改网关，或路由器需要更改路由配置等。因此，作为设计人员需要综合考虑网络改造、业务中断等因素。

五、安全策略的工作流程

1. 安全策略的定义

安全策略是指设备依据特定规则对流量转发进行控制，并开展内容安全一体化检测的策略。其规则的核心在于包过滤，通过对数据包的筛选和判断，确保网络流量的安全与合规。

2. 安全策略的主要应用

安全策略主要应用于以下两个关键方面：一是对跨防火墙的网络互访加以控制，以此规范不同网络区域之间的访问行为，保障网络通信的有序性与安全性；二是对设备本身的访问进行管控，防止非法访问对设备造成损害，确保设备的稳定运行和自身安全。

3. 安全策略配置思路

（1）管理员应首先明确需要划分哪几个安全区域，接口如何连接，分别加入哪些安全区域。

（2）管理员选择根据“源地址”或“用户”来区分企业员工。

（3）先确定每个用户组的权限，然后再确定特殊用户的权限。包括用户所处的源安全区域和地址、用户需要访问的目的安全区域和地址、用户能够使用哪些服务和应用、用户的网络访问权限在哪些时间段生效等。如果想允许某种网络访问，则配置安全策略的动作为“允许”；如果想禁止某种网络访问，则配置安全策略的动作为“禁止”。

（4）确定对哪些通过防火墙的流量进行内容安全检测，进行哪些内容安全检测。

将以上步骤规划出的安全策略的参数列出，并将所有安全策略按照先精确（条件细化的、特殊的策略）再宽泛（条件为大范围的策略）的顺序排序。在配置安全策略时需要按照此顺序进行配置，如图2.5所示。

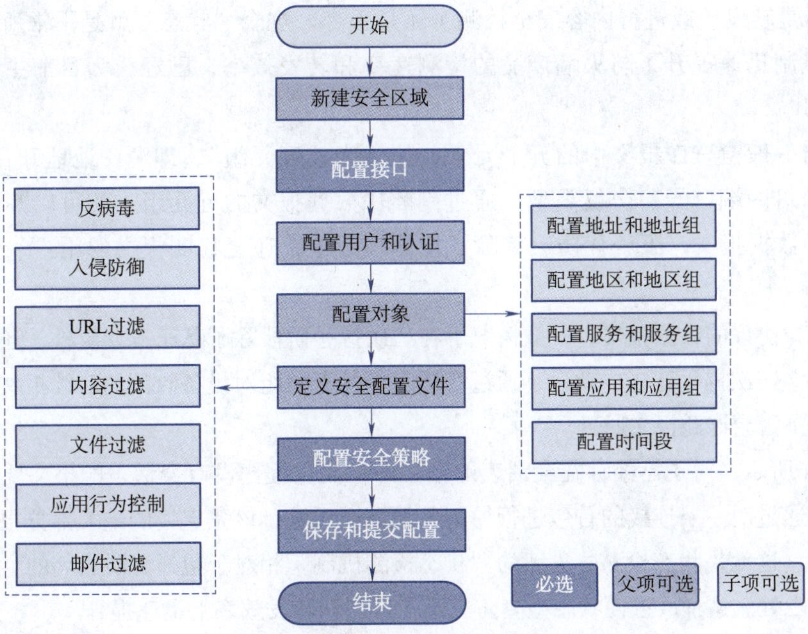

图2.5　防火墙安全策略配置思路

4. 防火墙的基本作用

保护特定网络免受“不信任”网络的攻击，但是同时还必须允许两个网络之间可以进行合法的通信。安全策略的作用就是对通过防火墙的数据流进行检验，符合安全策略的合法数据流才能通过防火墙。

通过防火墙安全策略可以控制内网访问外网的权限、控制内网不同安全级别的子网间的访问权限等。同时，也能够对设备本身的访问进行控制，例如限制哪些IP地址可以通过Telnet和Web等方式登录设备，控制网管服务器、NTP服务器等与设备的互访。

5. 防火墙安全策略的作用

防火墙安全策略定义数据流在防火墙上的处理规则，防火墙根据规则对数据流进行处理。因此，防火墙安全策略的核心作用是根据定义的规则对经过防火墙的流量进行筛选，由关键字确定筛选出的流量如何进行下一步操作。

在防火墙应用中，防火墙安全策略是对经过防火墙的数据流进行网络安全访问的基本手段，决定了后续的应用数据流是否被处理。NGFW（下一代防火墙）会对收到的流量进行检测，检测出流量的属性。

早期包过滤防火墙采取的是“逐包检测”机制，即对设备收到的所有报文都根据包过滤规则进行检查以决定是否对该报文放行。这种机制严重影响了设备转发效率，使包过滤防火墙成为网络中的转发瓶颈。

于是，越来越多的防火墙产品采用了“状态检测”机制进行包过滤。“状态检测”机制以流量为单位对报文进行检测和转发，即对一条流量的第一个报文进行包过滤规则检查，并将判断结果作为该条流量的“状态”记录下来。对于该流量的后续报文都直接根据这个“状态”来判断是转发（或进行内容安全检测）还是丢弃。这个“状态”就是平常所说的会话表项。这种机制迅速提升了防火墙产品的检测速率和转发效率，已经成为目前主流的包过滤机制。

防火墙一般检查IP报文中的五个元素，又称为“五元组”，即源IP地址和目的IP地址、源端口号和目的端口号、协议类型。通过判断IP数据报文的五元组，就可以判断一条数据流相同的IP数据报文。下一代防火墙除了检测五元组，还会检测报文的用户、应用和时间段等。

其中TCP协议的数据报文，一般情况下在三次握手阶段除了基于五元组外，还会计算及检查其他字段。三次握手建立成功后，通过会话表中的五元组对设备收到的后续报文进行匹配检测，以确定是否允许此报文通过。

如图2.6所示，对于已经存在会话表的报文的检测过程比没有会话表的报文要短很多。通常情况下，通过对一条连接的首包进行检测并建立会话后，该条连接的绝大部分报文都不再需要重新检测。这就是状态检测防火墙的“状态检测机制”相对于包过滤防火墙的“逐包检测机制”的改进之处。这种改进使状态检测防火墙在检测和转发效率上迅速提升。

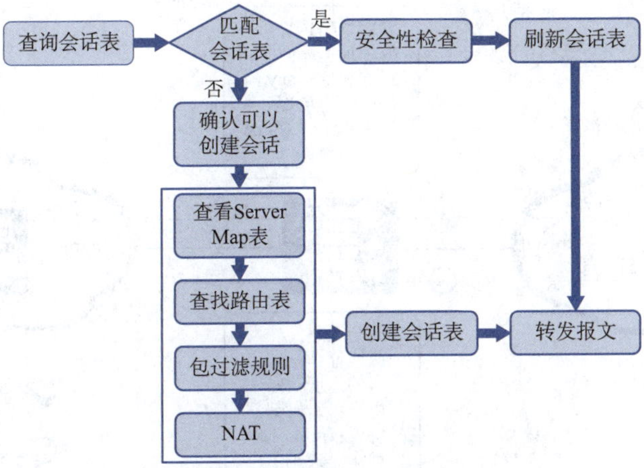

图2.6　防火墙报文转发流程

如图2.7所示，当流量通过NGFW时，安全策略的处理流程如下：

NGFW会对收到的流量进行检测，检测出流量的属性，包括源安全区域、目的安全区域、源地址/地区、目的地址/地区、用户、服务（源端口、目的端口、协议类型）、应用和时间段。

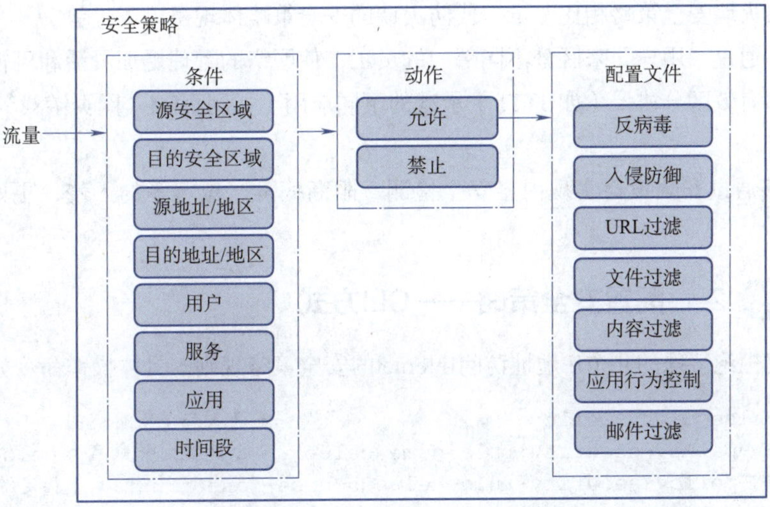

图2.7　防火墙安全策略配置逻辑图

如图2.8所示，NGFW将流量的属性与安全策略的条件进行匹配。如果所有条件都匹配，则此流量成功匹配安全策略。如果其中有一个条件不匹配，则继续匹配下一条安全策略。依此类推，如果所有安全策略都不匹配，则NGFW会执行默认安全策略的动作（默认为“禁止”）。

如果流量成功匹配一条安全策略，NGFW将会执行此安全策略的动作。如果动作为“禁止”，则NGFW会阻断此流量。如果动作为“允许”，则NGFW会判断安全策略是否引用了安全配置文件。如果引用了安全配置文件，则继续根据安全配置文件的条件对流量的内容进行一次检测处理；如果没有引用安全配置文件，则允许此流量通过。

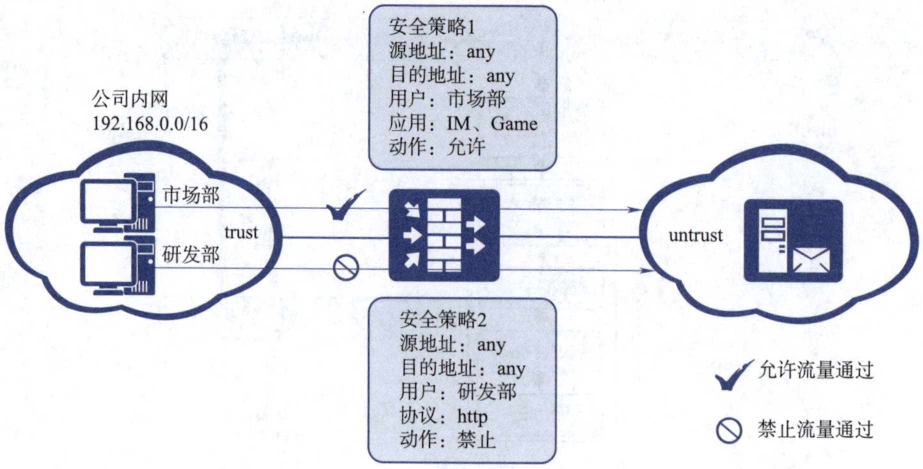

图2.8　防火墙安全策略配置示意图

一体化检测是指根据安全配置文件的条件对流量的内容进行一次检测，根据检测结果执行安全配置文件的动作。如果其中一个安全配置文件阻断此流量，则NGFW阻断此流量；如果所有的安全配置文件都允许此流量转发，则NGFW允许此流量转发。

与传统防火墙安全策略相比，下一代防火墙的安全策略体现了以下优势：

（1）能够通过“用户”来区分不同部门的员工，使网络的管理更加灵活和可视。

（2）能够有效区分协议（如HTTP）承载的不同应用（如网页IM、网页游戏等），使网络的管理更加精细。

（3）能够通过安全策略实现内容安全检测，阻断病毒、黑客等的入侵，更好地保护内部网络。

任务实践 2-1 配置安全策略——CLI方式

（1）创建拒绝特殊的几个IP地址访问Internet的安全策略规则。具体操作命令如下：

```
[NGFW]security-policy                              # 进入安全策略视图
[NGFW-policy-security]rule name celue              # 创建规则并命名为 celue
[NGFW-policy-security-rule-celue]source-zone trust    # 指定源区域
[NGFW-policy-security-rule-celue]destination-zone untrust
                                                   # 指定目的区域
[NGFW-policy-security-rule-celue]source-address 192.168.5.2 32
                                                   # 指定源地址
[NGFW-policy-security-rule-celue]source-address 192.168.5.3 32
                                                   # 指定源地址
[NGFW-policy-security-rule-celue]source-address 192.168.5.6 32
                                                   # 指定源地址
[NGFW-policy-security-rule-celue]action deny
                                                   # 指定满足以上条件，执行的动作
```

（2）创建允许192.168.5.0/24网段访问Internet的安全策略规则。具体操作命令如下：

```
[NGFW]security-policy                              # 进入安全策略视图
[NGFW-policy-security]rule name celue2             # 创建规则并命名为 celue2
```

```
[NGFW-policy-security-rule-celue2]source-zone trust  # 指定源区域
[NGFW-policy-security-rule-celue2]destination-zone untrust
                                              # 指定目的区域
[NGFW-policy-security-rule-celue2]source-address 192.168.5.0 24
                                              # 指定源地址
[NGFW-policy-security-rule-celue2]action permit
                                              # 指定满足以上条件执行的动作
```

任务实践 2-2 配置安全策略——Web方式

1. 配置安全区域

系统默认已经创建了四个安全区域。如果用户还需要划分更多的安全等级，可以自行创建新的安全区域并定义其安全级别。

2. 新建安全区域

选择“网络”→“安全区域”命令，单击“新建”按钮，配置安全区域的参数，如图2.9所示。

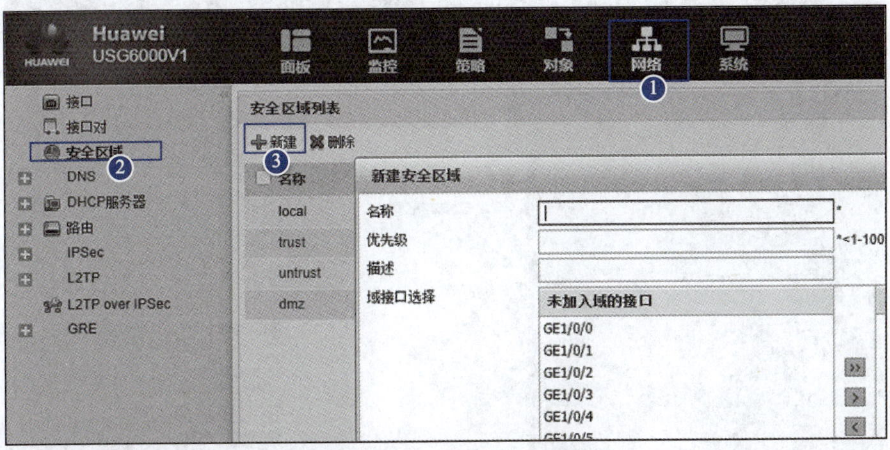

图2.9　新建安全区域示意图

3. 配置安全策略

安全策略主要包含的配置内容：

（1）策略匹配条件：源安全域、目的安全域、源地址、目的地址、服务、应用、时间段，如图2.10所示。

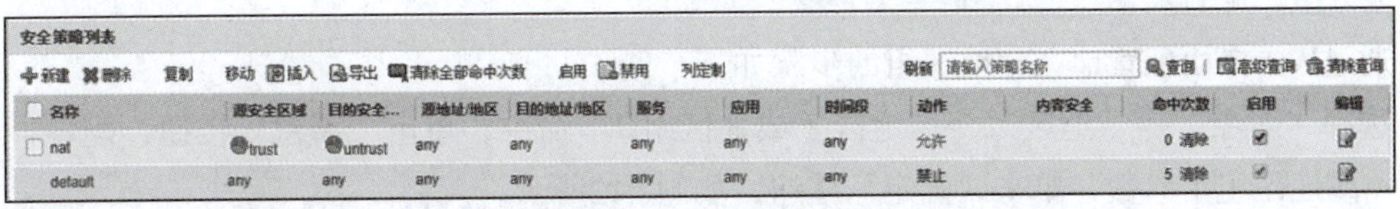

图2.10　安全策略列表

（2）策略动作：允许、禁止。

（3）内容安全（可选）：反病毒、入侵防御、URL过滤、文件过滤、内容过滤、应用行为控制、邮件过滤。

设备能够识别出流量的属性，并将流量的属性与安全策略的条件进行匹配。如果所有条件都匹配，则此流量成功匹配安全策略。流量匹配安全策略后，设备将会执行安全策略的动作。

（1）如果动作为“允许”，则对流量进行内容安全检测。如果内容安全检测也通过，则允许流量通过；如果内容安全检测没有通过，则禁止流量通过。

（2）如果动作为“禁止”，则禁止流量通过。

4. 配置地址和地址组

地址是IPv4/IPv6地址或MAC地址的集合，地址组是地址的集合。

地址包含一个或若干个IPv4/IPv6地址或MAC地址，它类似于一个基础组件，只需要定义一次，就可以被各种策略（如安全策略、NAT策略）多次引用。

通过Web界面配置地址和地址组的步骤如下：

选择“对象”→“地址”→“地址（或地址组）”命令，单击“新建”按钮，配置地址（或地址组）的各项参数，单击“确定”按钮，可以在页面上看到新建的地址，如图2.11所示。

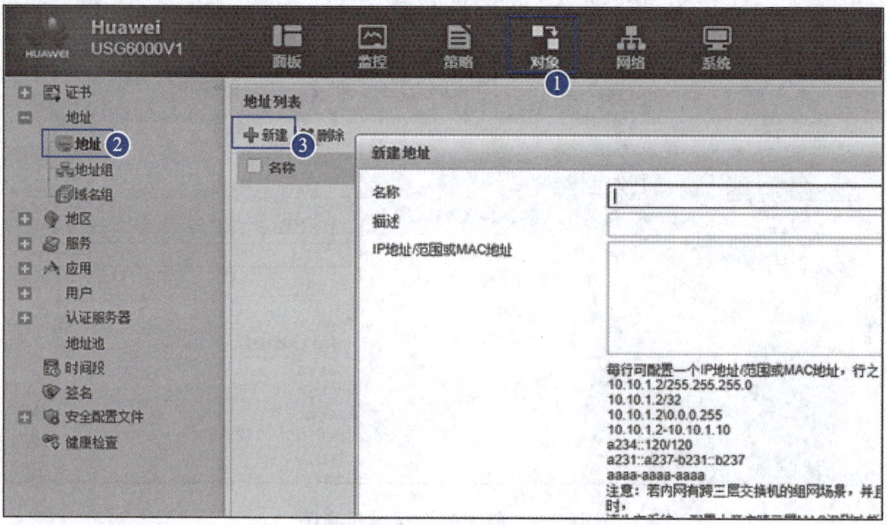

图2.11　Web界面配置地址

5. 配置地区和地区组

地区是以地区为单位的IP地址对象，每个地区是当前地区的公网IP地址集合。

为方便扩展和复用，设备还支持配置地区组供策略引用。地区组中可以包含多个地区、嵌套的地区组，配置灵活。

通过Web界面配置地区和地区组的步骤如下：

选择“对象”→“地区”→“地区（或地区组）”命令，单击“新建”按钮，配置自定义地区（或地区组）参数，单击“确定”按钮，如图2.12所示。

6. 配置服务和服务组

服务是通过协议类型和端口号来确定的应用协议类型，服务组是服务和服务组的集合。

（1）预定义服务：指系统默认已经存在、可以直接选择的服务类型。

（2）自定义服务：通过指定协议类型（如TCP、UDP或ICMP）和端口号等信息来定义的一些应用协议类型。

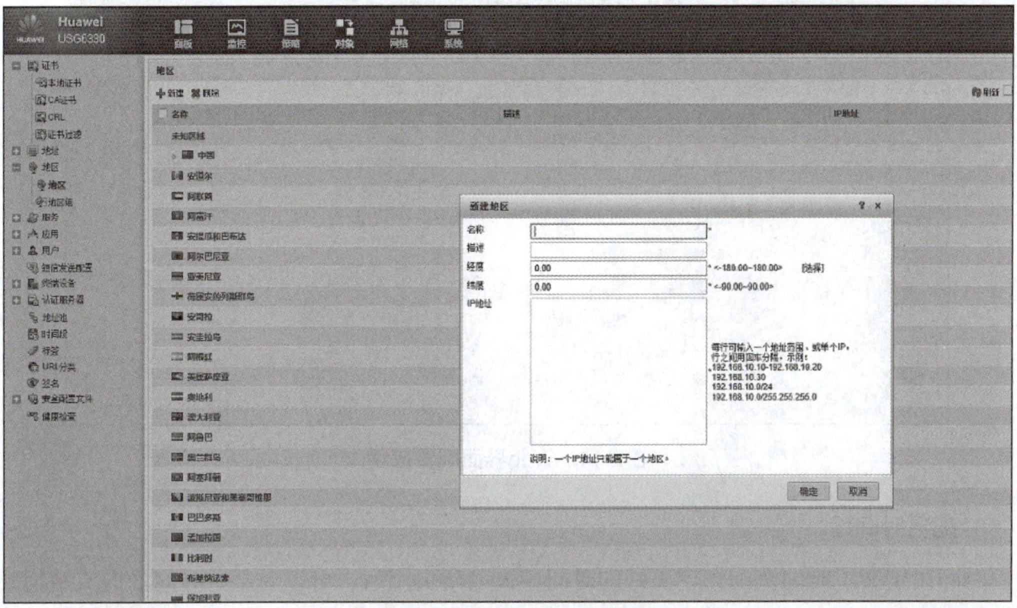

图2.12　Web界面配置地区

预定义服务通常都是知名协议，如HTTP、FTP、Telnet等，不能被删除。

通过Web界面配置服务的步骤（配置服务组与此类似）如下：

选择“对象”→“服务”→“服务”命令，单击“新建”按钮，配置自定义服务各项参数，单击“确定”按钮，如图2.13所示。

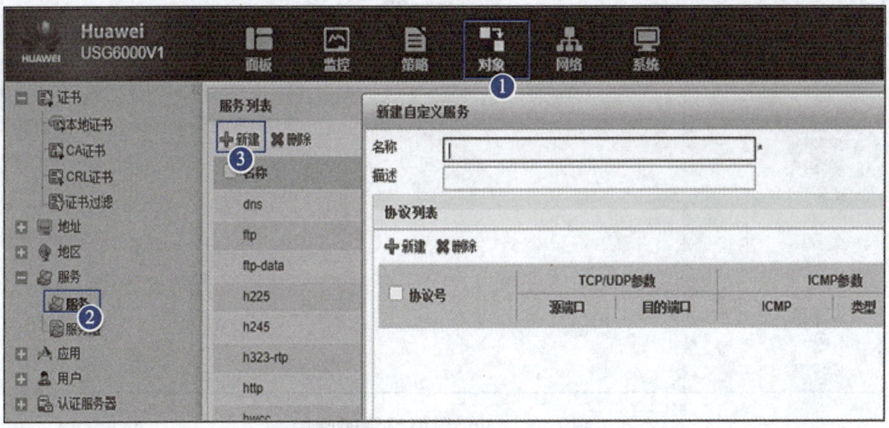

图2.13　Web界面配置服务示意图

7. 配置应用和应用组

应用是指用来执行某一特殊任务或用途的计算机程序；应用组是指多个应用的集合。

通过Web界面配置应用的步骤（配置应用组与此类似）如下：

选择“对象”→“应用”→“应用”命令，单击“新建”按钮，配置自定义服务各项参数，单击“确定”按钮，如图2.14所示。

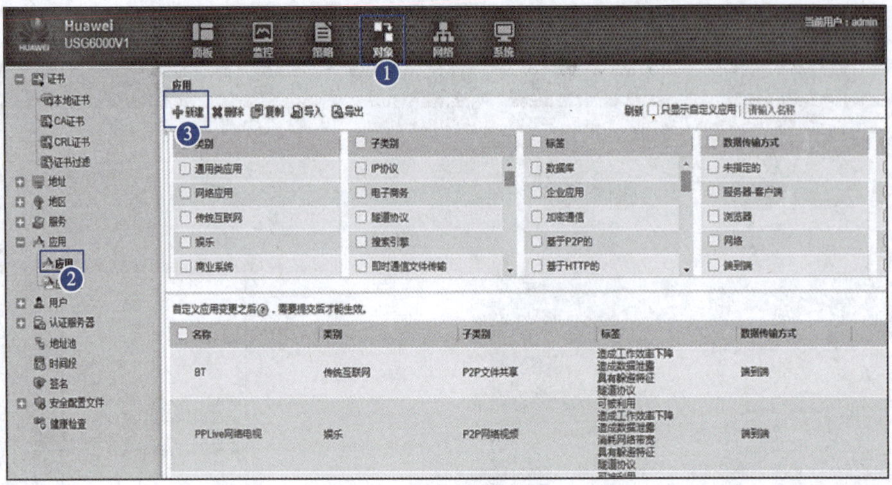

图2.14　Web界面配置应用

8. 配置时间段

时间段定义了时间范围，定义好的时间段被策略引用后，可以对某一时间段内流经NGFW的流量进行匹配和控制。

通过Web界面配置时间段的步骤如下：

选择“对象”→“时间段”命令，单击“新建”按钮，在“名称”中输入时间段列表的名称，创建时间段成员，单击“确定”按钮，如图2.15所示。

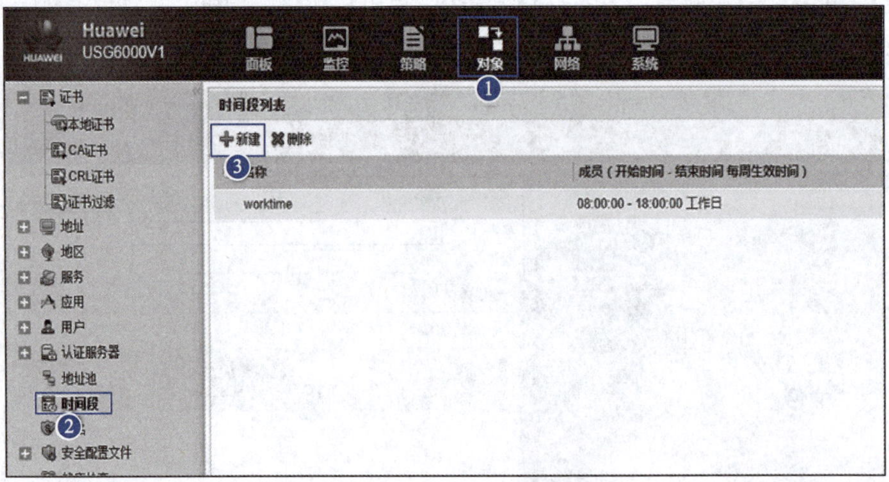

图2.15　Web界面配置时间段

9. 配置安全策略

在安全策略中可以引用已经创建好的对象。

通过Web界面配置安全策略的步骤如下：

选择“策略”→“安全策略”→“安全策略”命令，单击“新建”按钮，配置安全策略规则的名称和描述，配置安全策略规则的匹配条件，配置安全策略规则的动作，配置安全策略引用内容安全的配置文件，单击“确定”按钮，如图2.16所示。

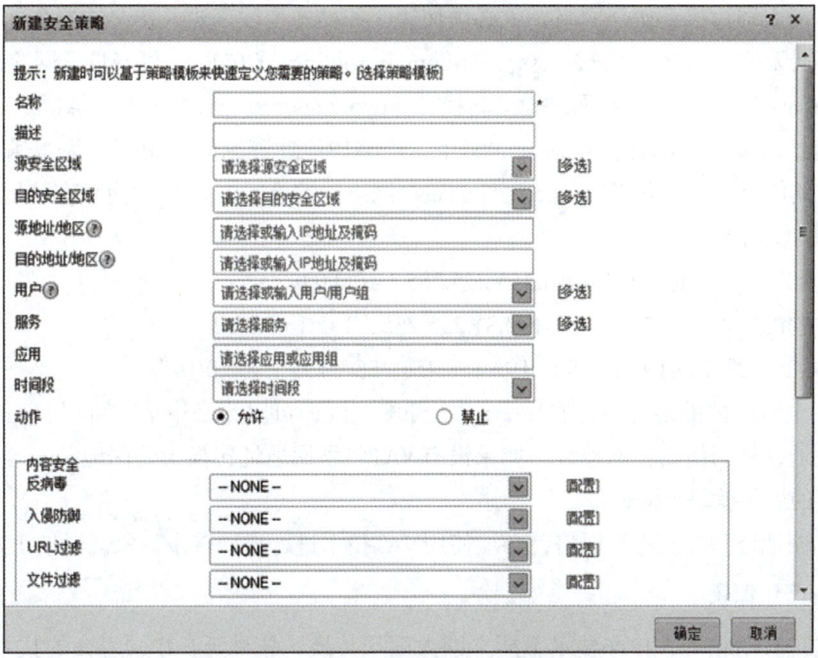

图2.16　Web界面配置安全策略

任务二　掌握 NAT 技术

在深入了解防火墙在网络安全中的关键作用后，已知晓网络安全的构建依托多种技术协同。NAT技术作为网络领域的重要组成部分，与防火墙相辅相成，共同保障网络的高效运行与安全稳定。接下来，将对NAT技术展开系统学习。首先，掌握NAT技术的核心概念、诞生背景及在网络中的基础运作原理，搭建起对NAT技术的初步认知框架。接着，深入研究源NAT技术，剖析其在地址转换时如何处理源地址，洞察它在网络流量转发、节省公网IP等方面的独特价值。随后，拓展至防火墙映射及目的NAT技术，探究其在特定网络场景下，针对目的地址转换与防火墙功能联动的应用方式。再深入学习双向NAT技术，理解其在复杂网络环境中，同时处理源地址与目的地址转换的原理与应用优势。最后，通过任务实践分别以CLI方式和Web方式进行NAT策略配置，将理论知识转化为实际操作能力，熟练掌握NAT技术在不同配置环境下的运用。

一、NAT技术概述

早在20世纪90年代初，有关RFC（request for comments）文档就提出IP地址耗尽的可能性。基于TCP/IP协议的Web应用使互联网迅速扩张，IPv4地址申请量越来越大。互联网可持续发展的问题日益严重。IPv6的提出，就是为了从根本上解决IPv4地址不够用的问题。IPv6地址集将地址位数从IPv4的32位扩展到了128位。对于网络应用来说，这样的地址空间几乎是无限大。因此IPv6技术可以从根本上解决地址短缺的问题。但是，IPv6面临着技术不成熟、更新代价巨大等尖锐问题，要想替换现有成熟且广泛应用的IPv4网络，还有很长一段路要走。

既然不能立即过渡到IPv6网络，就必须使用一些技术手段来延长IPv4的寿命。其中广泛使用的技术包括无类域间路由（classless inter-domain routing，CIDR）、可变长子网掩码（variable length subnet mask，VLSM）和网络地址转换（network address translation，NAT）。

私网地址出现的目的是实现地址的复用，提高IP地址资源的利用率，为了满足一些实验室、公司或其他组织的独立于Internet之外的私有网络的需求，RFC 1918为私有使用留出了三个IP地址段。具体如下：

（1）A类IP地址中的10.0.0.0~10.255.255.255（10.0.0.0/8）。

（2）B类IP地址中的172.16.0.0~172.31.255.255（172.16.0.0/12）。

（3）C类IP地址中的192.168.0.0~192.168.255.255（192.168.0.0/16）。

上述三个范围内的地址不能在Internet上分配，因而可以不必申请就可以自由使用。内网使用私网地址，外网使用公网地址，如果没有NAT将私网地址转换为公网地址，会造成通信混乱，最直接的后果就是无法通信。

使用私网地址和外网进行通信，必须使用NAT技术进行地址转换，保证通信正常。

1. NAT产生背景

IPv4地址日渐枯竭；IPv6技术不能立即大面积替换；各种延长IPv4寿命的技术不断出现，NAT就是其中之一。下面具体介绍一下NAT的优点和不足。

2. NAT的优点

（1）可以使一个局域网中的多台主机使用少数的合法地址访问外部的资源，也可以设定内部的WWW、FTP、Telnet等服务提供给外部网络使用，解决了IP地址日益短缺的问题。

（2）对于内外网络用户，感觉不到IP地址转换的过程，整个过程对于用户来说是透明的。

（3）对内网用户提供隐私保护，外网用户不能直接获得内网用户的IP地址、服务等信息，具有一定的安全性。

（4）通过配置多个相同的内部服务器的方式可以减小单个服务器在大流量时承担的压力，实现服务器负载均衡。

3. NAT的不足

（1）由于需要对数据报文进行IP地址转换，涉及IP地址的数据报文的报头不能被加密。在应用协议中，如果报文中有地址或端口需要转换，则报文不能被加密。例如，不能使用加密的FTP连接，否则FTP的port命令不能被正确转换。

（2）网络监管变得更加困难。例如，如果一个黑客从内网攻击公网上的一台服务器，要想追踪这个攻击者很难。因为在报文经过NAT转换设备时，地址经过了转换，不能确定哪台才是黑客的主机。

如图2.17所示，NAT是将IP数据报文报头中的IP地址转换为另一个IP地址的过程，主要用于实现内部网络（私有IP地址）访问外部网络（公有IP地址）的功能。

从实现上来说，一般的NAT转换设备（实现NAT功能的网络设备）都维护着一张地址转换表，所有经过NAT转换设备并且需要进行地址转换的报文，都会通过这个表做相应的修改。地址转换的机制分为如下两部分：

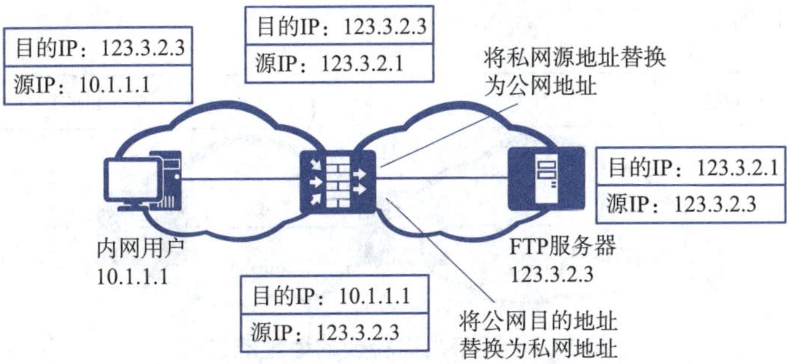

图2.17　防火墙NAT技术原理图

（1）内部网络主机的IP地址和端口转换为NAT转换设备外部网络地址和端口。

（2）外部网络地址和端口转换为NAT转换设备内部网络主机的IP地址和端口。

也就是<私有地址+端口>与<公有地址+端口>之间相互转换。

NAT转换设备处于内部网络和外部网络的连接处。内部的PC与外部服务器的交互报文全部通过该NAT转换设备。常见的NAT转换设备有路由器、防火墙等。

4. NAT分类

根据应用场景的不同，NAT（source NAT）可以分为源NAT和目的NAT：

（1）源NAT：用来使多个私网用户能够同时访问Internet。

①地址池方式：采用地址池中的公网地址为私网用户进行地址转换，适合大量的私网用户访问Internet的场景。

②出接口地址方式：内网主机直接借用公网接口的IP地址访问Internet，特别适用于公网接口IP地址是动态获取的情况。

（2）目的NAT：用来使外网用户能够访问私网服务器。

静态映射（NAT server）：公网地址和私网地址一对一进行映射，适用于公网用户访问私网内部服务器的场景。

二、源NAT技术

1. 基于源IP地址的NAT

基于源IP地址的NAT是指对发起连接的IP报文头中的源地址进行转换。它可以实现内部用户访问外部网络的目的。通过将内部主机的私有地址转换为公有地址，使一个局域网中的多台主机使用少数的合法地址访问外部资源，有效地隐藏了内部局域网的主机IP地址，起到了安全保护的作用。其有以下两种转换方式：

（1）不带端口转换的地址池方式：通过配置NAT地址池来实现，NAT地址池中可以包含多个公网地址。转换时只转换地址，不转换端口，实现私网地址到公网地址一对一的转换。如果地址池中的地址已经全部分配出去，则剩余内网主机访问外网时不会进行NAT转换，直到地址池中有空闲地址时才会进行NAT转换，如图2.18所示。

（2）带端口转换的地址池方式：通过配置NAT地址池来实现，NAT地址池中可以包含一个或多个公网地址。转换时同时转换地址和端口，即可实现多个私网地址共用一个或多个公网地址的需求，如图2.19所示。

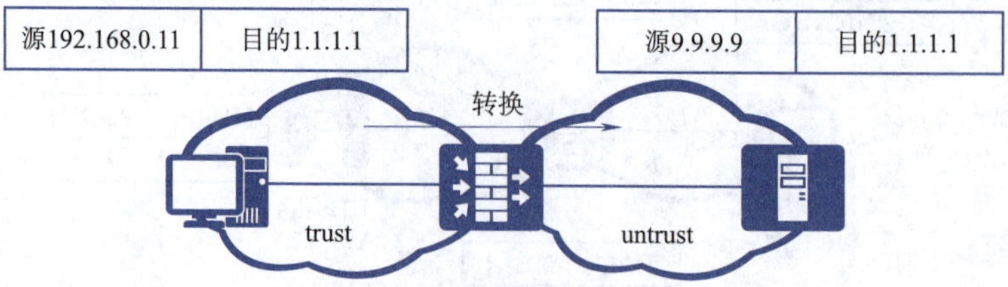

图2.18 不带端口转换的地址池方式

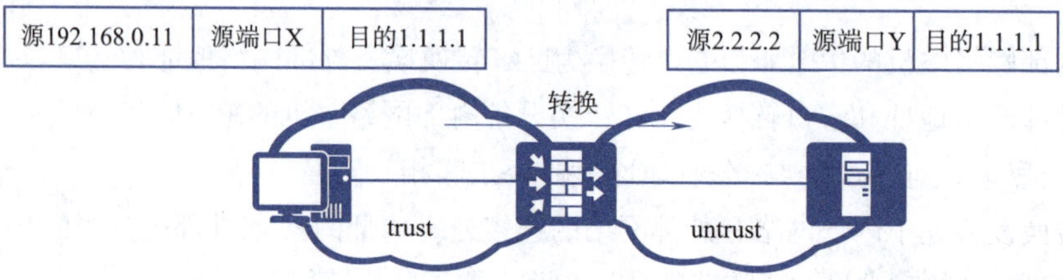

图2.19 带端口转换的地址池方式

此方式下，由于地址转换的同时还进行端口的转换，可以实现多个私网用户共同使用一个公网IP地址上网，防火墙根据端口区分不同用户，所以可以支持同时上网的用户数量更多。这是一种利用第四层信息来扩展第三层地址的技术，一个IP地址有65 535个端口可以使用。理论上来说，一个地址可以为其他65 535个地址提供NAT转换，防火墙还能将来自不同内部地址的数据报文映射到同一公有地址的不同端口号上，因而仍然能够共享同一地址，对比一对一或多对多地址转换。这样极大地提升了地址空间，增加了IP地址的利用率。因此带端口转换是最常用的一种地址转换方式。

2. 出接口地址方式

出接口地址方式也称为Easy IP，即直接使用接口的公网地址作为转换后的地址，不需要配置NAT地址池。转换时同时转换地址和端口，即可实现多个私网地址共用外网接口的公网地址的需求。

3. 普通NAT在特殊协议场景下的应用

在以太网数据帧结构中，IP首部包含32位的源IP地址和32位的目的IP地址，TCP首部包含16位的源端口号和16位的目的端口号。

但是，很多协议会通过IP报文的数据载荷进行新端口甚至新IP地址的协商。协商完成之后，通信双方会根据协商结果建立新的连接进行后续报文的传输。而这些协商出来的端口和IP地址往往是随机的，管理员并不能为其提前配置好相应的NAT规则，这些协议在NAT转换过程中就会出现问题。

普通NAT实现了对UDP或TCP报文头中的IP地址及端口转换功能，但对应用层数据载荷中的字段无能为力，在许多应用层协议中，如多媒体协议（H.323、SIP等）、FTP、SQLNET等，TCP/UDP载荷中带有地址或者端口信息，这些内容不能被NAT进行有效的转换，就可能导致出现问题。而NAT ALG（application level gateway，应用层网关）技术能对多通道协议进行应用层报文信息的解析和地址转换，将载荷中需要进行地址转换的IP地址和端口或者需要特殊处理的字段进行相应的转换和处理，从而保证应用层通信的正确性。

例如，FTP应用就由数据连接和控制连接共同完成，而且数据连接的建立动态地由控制连接中的载荷字段信息决定，这就需要ALG来完成载荷字段信息的转换，以保证后续数据连接的正确建立。

4. ASPF功能与NAT ALG协同工作

为了实现应用层协议的转发策略提出了ASPF功能。ASPF功能的主要目的是通过对应用层协议的报文分析，为其开放相应的包过滤规则，而NAT ALG的主要目的是为其开放相应的NAT规则。由于两者通常是结合使用的，所以使用同一条命令就可以将两者同时开启。

如图2.20所示，私网侧的主机要访问公网的FTP服务器。NAT设备上配置了私网地址192.168.1.2到公网地址8.8.8.11的映射，实现地址的NAT转换，以支持私网主机对公网的访问。组网中，若没有ALG对报文载荷的处理，私网主机发送的PORT报文到达服务器端后，服务器无法根据私网地址进行寻址，也就无法建立正确的数据连接。

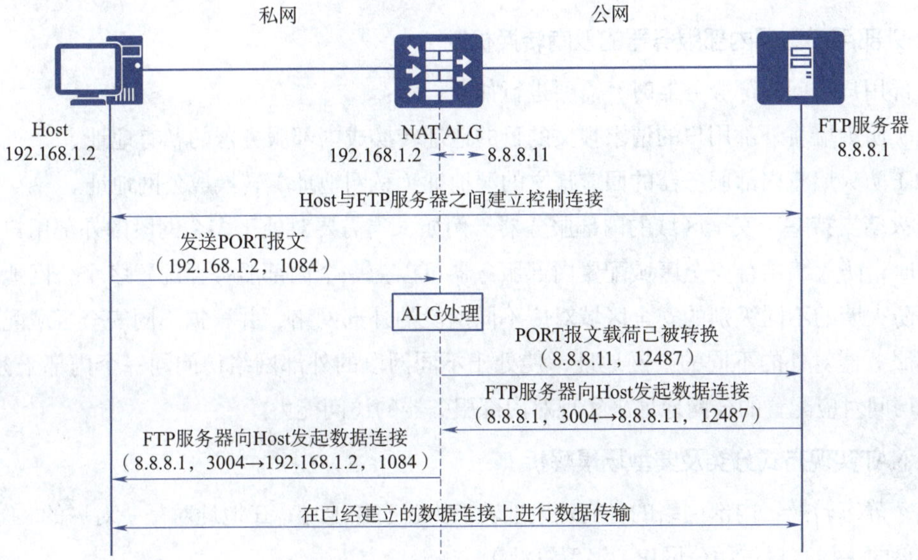

图2.20　ASPF功能工作原理图

整个通信过程包括如下四个阶段：

（1）私网主机和公网FTP服务器之间通过TCP三次握手成功建立控制连接。

（2）控制连接建立后，私网主机向FTP服务器发送PORT报文，报文中携带私网主机指定的数据连接的目的地址和端口，用于通知服务器使用该地址和端口和自己进行数据连接。

（3）PORT报文在经过支持ALG特性的NAT设备时，报文载荷中的私网地址和端口会被转换成对应的公网地址和端口。即设备将收到的PORT报文载荷中的私网地址192.168.1.2转换成公网地址8.8.8.11，端口1084转换成12487。

（4）公网的FTP服务器收到PORT报文后，解析其内容，并向私网主机发起数据连接，该数据连接的目的地址为8.8.8.11，目的端口为12487（注意：一般情况下，该报文源端口为20，但由于FTP协议没有严格规定，有的服务器发出的数据连接源端口为大于1024的随机端口，如本例采用的是wftpd服务器，采用的源端口为3004）。由于该目的地址是一个公网地址，因此后续的数据连接就能够成功建立，从而实现私网主机对公网服务器的访问。

三、防火墙映射及目的NAT技术

1. NAT Server基础概念与核心作用

NAT隐藏了内部网络的结构，具有“屏蔽”内部主机的作用。但是在实际应用中，可能需要提供给外部一个访问内部主机的机会，如提供给外部一台Web服务器，而外部主机根本没有指向内部地址的路由，因此无法正常访问。这时可以使用NAT Server（内部服务器）功能来实现这个功能应用。

使用NAT可以灵活地添加内部服务器。例如，可以使用202.202.1.1等公网地址作为Web服务器的外部地址，甚至还可以使用202.202.1.1:8080这样的IP地址加端口号的方式作为Web的外部地址。

2. 外部用户访问内部服务器的双向转换机制

外部用户访问内部服务器时，需要进行如下操作：

（1）防火墙将外部用户的请求报文的目的地址转换成内部服务器的私有地址。

（2）防火墙将内部服务器的回应报文的源地址（私网地址）转换成公网地址。

防火墙支持基于安全区域的内部服务器。例如，当需要对处于多个网段的外部用户提供访问服务时，防火墙结合安全区域配置内部服务器可以为一个内部服务器配置多个公网地址。通过配置防火墙的不同级别的安全区域对应不同网段的外部网络，并根据不同安全区域配置同一个内部服务器对外的不同的公网地址，使处于不同网段的外部网络访问同一个内部服务器时，即通过访问对应配置的公网地址来实现对内部服务器的访问能力。

3. NAT实现方式分类及典型场景解析

（1）静态转换：内部网络的私有IP地址转换为公有IP地址，IP地址对是一对一的。（这样做相当于你的主机直接占用公网IP，浪费资源）

（2）动态转换：内部网络的私有IP地址转换为公用IP地址时，IP地址是不确定的，是随机的。

（3）端口多路复用：外出数据包的源端口并进行端口转换，即端口地址转换，采用端口多路复用方式（只映射端口），是最常用的高效映射方式。

端口映射是使用最广泛的配置方式，其工作原理图如图2.21所示。

4. Server-map表核心功能与映射机制

通常情况下，如果在设备上配置严格的包过滤，那么设备将只允许内网用户单方向主动访问外网。但在实际应用中，例如使用FTP协议的port方式（主动方式）传输文件时，既需要客户端主动向服务器端发起控制连接，又需要服务器端主动向客户端发起服务器数据连接。如果设备配置的包过滤为允许单方向报文主动通过，则FTP文件传输不能成功。

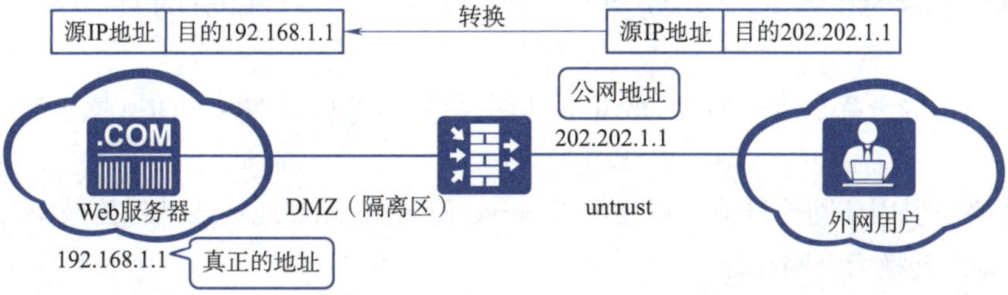

图2.21　NAT Server工作原理图

为了解决这一类问题，USG（统一安全网关）设备引入了Server-map表。Server-map基于三元组，用于存放一种映射关系，这种映射关系可以是控制数据协商出来的数据连接关系，也可以是配置NAT中的地址映射关系，使得外部网络能透过设备主动访问内部网络。

生成Server-map表之后，如果一个数据连接匹配了Server-map表项，就能够被设备正常转发，而不需要去查会话表，这样就保证了某些特殊应用的正常转发。具体步骤如下：

（1）表项生成：配置NAT Server成功后，设备会自动生成Server-map表项，用于存放Global地址与Inside地址的映射关系。

（2）正反向控制：当不配置no-reverse参数时，每个生效的NAT Server都会生成正反方向两个静态的Server-map；当配置了no-reverse参数时，生效的NAT Server只会生成正方向静态的Server-map。用户删除NAT Server时，Server-map也同步被删除。

配置NAT No-PAT后，设备会为已配置的多通道协议产生的有实际流量的数据流建立Server-map表，如图2.22所示。

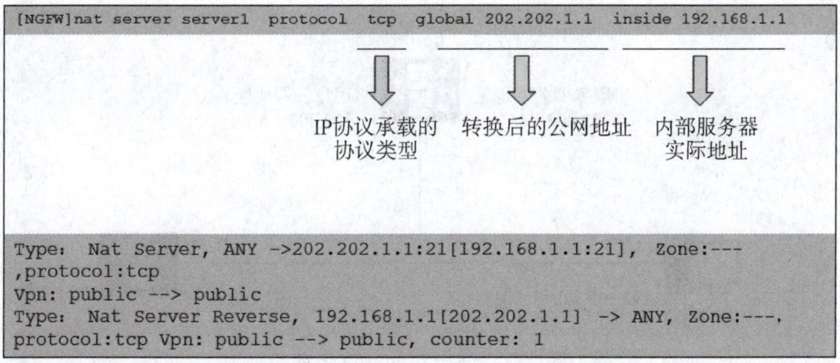

图2.22　配置NAT No-PAT命令说明图

指定no-reverse参数后，设备生成的Server-map表只有正方向，具体操作命令如下：

```
[NGFW]nat server server1 protocol tcp global 202.202.1.1 inside
192.168.1.1 no-reverse
```

例如，Server-map表项：

```
Type: Nat Server, ANY -> 202.202.1.1[192.168.1.1], Zone: ---, protocol: tcp
Vpn: public -> public
```

5. 内部服务器主动访问外部网络的解决方案

当配置no-reverse参数禁止内部服务器主动外连时，若允许其访问外部网络，需要结合源NAT策略：

（1）在内部服务器所在区域（如trust区域）与外部区域（如untrust区域）的域间配置源NAT策略。

（2）策略中引用公网地址池（可为NAT server使用的global地址或其他公网IP），将内部服务器的私网地址转换为公网地址。

例如：内部Web服务器（192.168.1.1）通过源NAT策略，将外发流量的源地址转换为202.202.1.2，实现主动访问外部资源。

四、双向NAT技术

双向NAT应用场景的通信双方访问对方时目的地址都不是真实的地址，而是NAT转换后的地址。一般来说，内网属于高优先级区域，外网属于低优先级区域。当低优先级安全区域的外网用户访问内部服务器的公网地址时，会将报文的目的地址转换为内部服务器的私网地址，但内部服务器需要配置到该公网地址的路由。

如果要避免配置到公网地址的路由，可以配置从低优先级安全区域到高优先级安全区域方向的NAT。如果同一个安全区域内的访问需要做NAT，则需要配置域内NAT功能。

下面介绍一下域内双向NAT：

防火墙将用户的请求报文的目的地址转换成FTP服务器的内网IP地址，源地址转换成用户对外公布的IP地址。

防火墙将FTP服务器回应报文的源地址转换成对外公布的地址，目的地址转换成用户的内网IP地址，如图2.23所示。

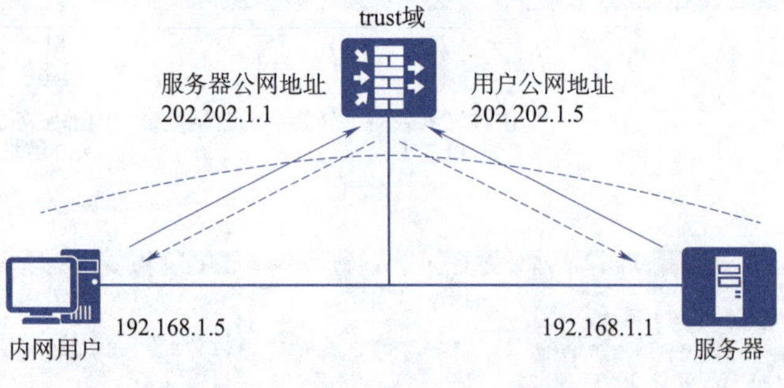

图2.23　域内双向NAT示意图

若需要地址转换的双方都在同一个安全域内，就涉及域内NAT的情况。当FTP服务器和用户均在trust区域，用户访问FTP服务器的对外的公网IP地址时，用户与FTP服务器之间所有的交互报文都要经过防火墙。这时需要同时配置内部服务器和域内NAT。

域内NAT是指当内网用户和服务器部署在同一安全区域的情况下，仍然希望内网用户只能通过访问服务器的公网地址的场景。在实现域内NAT过程中，既要将访问内部服务器的报文的目的地址由公网地址转换为私网地址，又需要将源地址由私网地址转换为公网地址。

任务实践 2-3 配置NAT策略——CLI方式

1. 源NAT配置

配置域间访问规则，指定源地址为192.168.0.0网段。（具体配置步骤省略）

配置地址池，具体操作命令如下：

```
[NGFW] nat address-group 1                         # 创建名为 1 的地址池
[NGFW -nat-address-group-1] section 202.169.10.2 202.169.10.6
                                                   # 指定地址段
```

配置源NAT策略，具体操作命令如下：

```
[NGFW] nat-policy                                  # 进入 NAT 策略视图
[NGFW-policy-nat] rule name nat1                   # 创建名为 nat1 的规则
[NGFW-policy-nat-rule-nat1] source-zone trust # 指定条件，源区域
[NGFW-policy-nat-rule-nat1] destination-zone untrust
                                    # 指定条件，目的条件
[NGFW-policy-nat-rule-nat1] source-address 192.168.0.0 24
                                    # 指定条件，原地址
[NGFW-policy-nat-rule-nat1] action nat address-group 1
                                    # 指定动作，NAT 转换，地址使用地址池 1 中的 IP 地址
```

域间访问规则配置，具体操作命令如下：

```
[USG6600]security-policy                                 # 进入安全策略视图
[USG6600-policy-security]rule name natpolicy             # 创建名为 natpolicy 的规则
[USG6600-policy-security-rule-natpolicy]source-address 192.168.0.0 24
                                    # 指定条件，源地址为 192.168.0.0 24 网段
[USG6600-policy-security-rule-natpolicy]action permit
                                    # 指定动作，放行
```

配置源NAT，是为了实现内网员工对外部网络进行访问时进行NAT地址转换，数据流向是从高安全级别到低安全级别，因此源地址应该为内部网络的地址网段。而为内网用户分配的地址池，应该为外网地址网段用于对Internet资源进行访问。具体操作命令如下：

```
nat address-group address-group-name
section [ section-id | section-name ] start-address end-address
nat-mode  { pat | no-pat }
```

2. 防火墙映射（NAT Server配置）

配置内部Web和FTP服务器，具体操作命令如下：

```
[USG] nat server wwwserver protocol tcp global 202.169.10.1 80 inside 192.168.20.2 8080
[USG] nat server ftpserver protocol tcp global 202.169.10.1 ftp inside 192.168.20.3 ftp
```

配置域间包过滤规则，具体操作命令如下：

```
[USG] security-policy                                    # 进入安全策略视图
[USG -policy-security] rule name p1                      # 创建规则，名为 p1
[USG -policy-security-rule-p1] source-zone untrust # 指定条件，源区域
[USG -policy-security-rule-p1] destination-zone dmz # 指定条件，目的区域
```

```
[USG -policy-security-rule-p1] destination-address 192.168.20.2 32
                                                  # 指定条件，目的地址
[USG -policy-security-rule-p1] service http    # 指定条件，http 服务
[USG -policy-security-rule-p1] action permit   # 指定符合以上条件，执行动作放行
[USG -policy-security] rule name p2            # 创建规则，名为 p2
[USG -policy-security-rule-p2] source-zone untrust   # 指定条件，源区域
[USG -policy-security-rule-p2] destination-zone dmz  # 指定条件，目的区域
[USG -policy-security-rule-p2] destination-address 192.168.20.3 32
                                                  # 指定条件，目的地址
[USG -policy-security-rule-p2] service ftp     # 指定条件，ftp 服务
[USG -policy-security-rule-p2] action permit
                                                  # 满足以上条件，执行动作允许
```

lUSG上同时配置NAT和内部服务器时，内部服务器优先级较高，首先起作用。

多个不同内部服务器使用一个公有地址对外发布时，可以多次使用NAT Server命令对其进行配置，并使用协议进行区分。

任务实践 2-4 配置NAT策略——Web方式

1. 源NAT配置

配置NAT地址池，如图2.24所示。

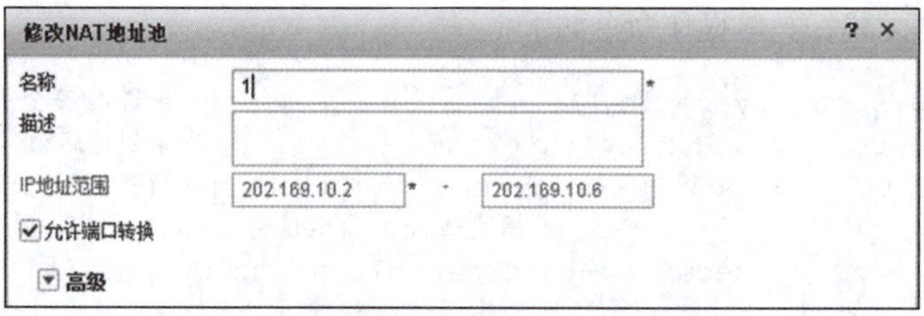

图2.24 配置NAT地址池

源安全区域通常为转换前的私网IP地址所在的安全区域，在本例中为trust区域。目的安全区域通常为转换后的公网IP地址所在的安全区域，本例中为untrust区域，如图2.25所示。

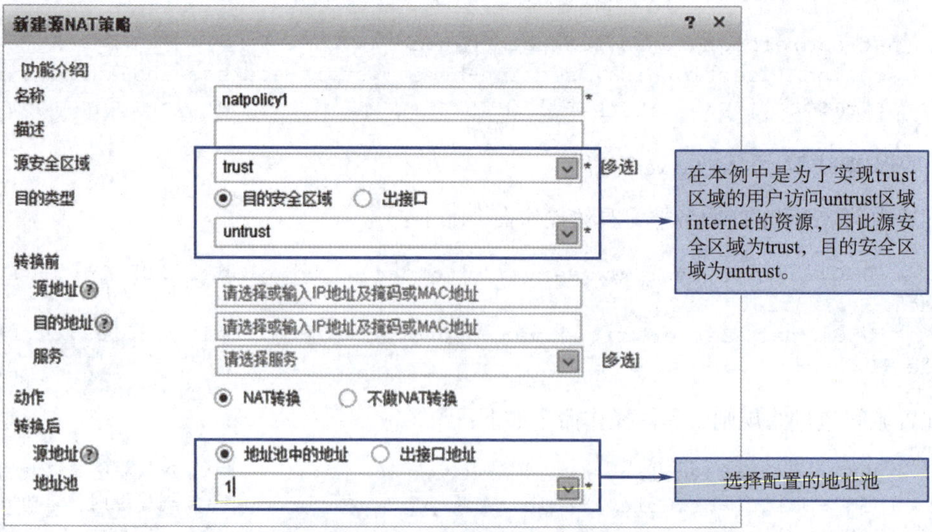

图2.25 配置NAT策略

2. 防火墙映射（NAT Server配置）

配置内部Web和FTP服务器，界面如图2.26所示。

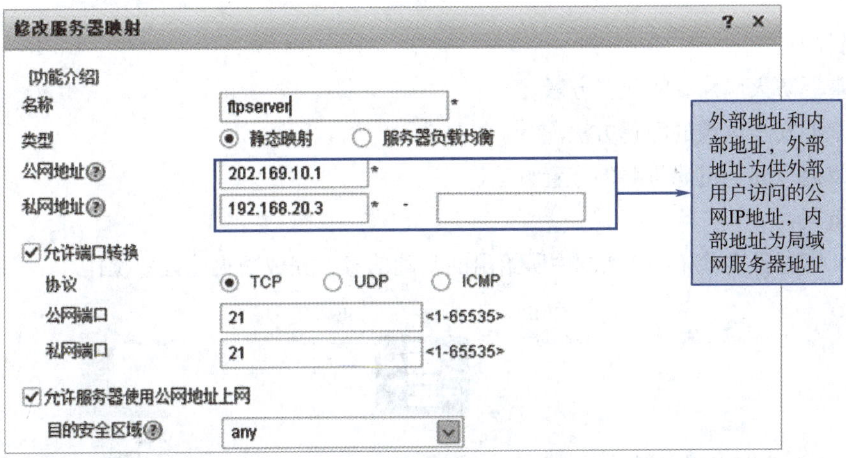

图2.26　配置NAT Server

配置NAT Server时，外部地址为内部服务器提供给外部用户访问的公网IP地址；内部地址为内部服务器在局域网中的IP地址。

在Web配置界面中，配置域间包过滤规则的步骤如下：

选择“防火墙”→“安全策略”→“转发策略”命令，在“转发策略列表”中，单击“新建”按钮，在打开的“新建安全策略”对话框中依次输入或选择各项参数，如图2.27所示。

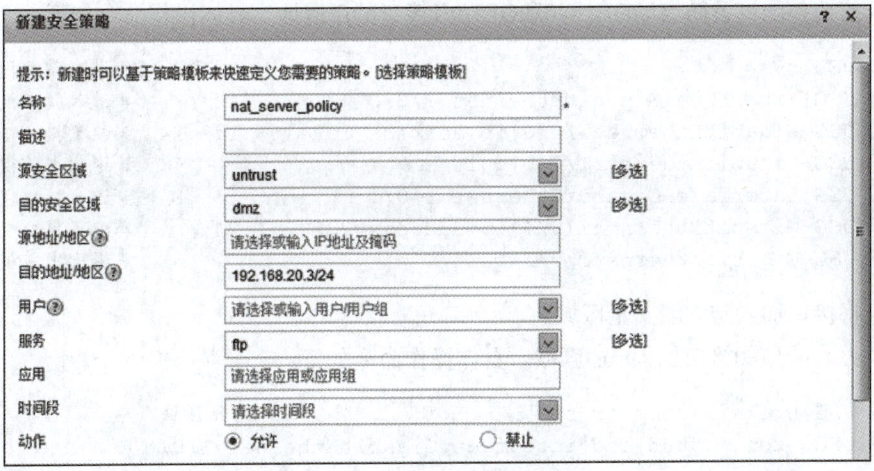

图2.27　配置安全策略

项目实训——中小企业网络安全规划

一、实训描述

本实训模拟本地私有网络的一台主机PC1（192.168.1.0/24）通过USG防火墙连接到因特网

上的一台服务器PC2（2.2.2.10/24），需要在USG防火墙上配置NAT网络地址转换来实现本地网络对互联网服务器的访问，并通过安全区域和域间包过滤策略的配置来保护本地网络的数据安全。

实训目的：

（1）掌握防火墙NAT的配置方法。

（2）掌握安全区域的配置方法。

（3）掌握域间包过滤策略的配置方法。

实训组网：

根据NAT配置实验拓扑图2.28中所给出的基础信息，完成防火墙设置操作。

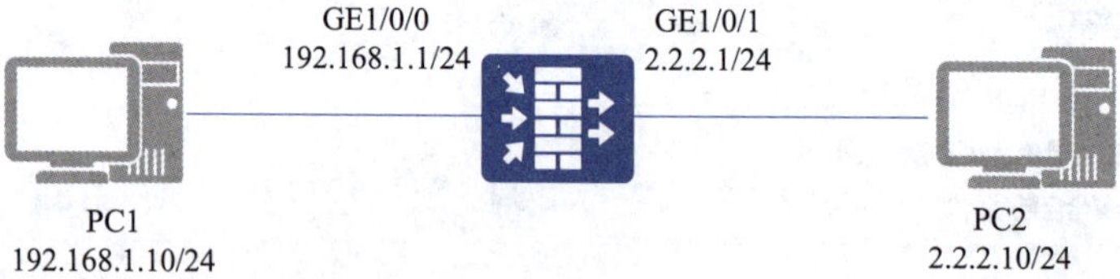

图2.28　NAT实验拓扑

二、实训步骤

具体实训步骤如下：

（1）配置IP地址和网关。配置PC1和PC2的IP地址和网关分别为192.168.1.10/24、192.168.1.1和2.2.2.10/24、2.2.2.1。

（2）按拓扑图设置防火墙GE1/0/0和GE1/0/1接口的IP地址。具体操作命令如下：

```
<USG>sys                                             # 进入系统视图
[USG]interface GigabitEthernet 1/0/0                 # 进入接口视图
[USG-GigabitEthernet1/0/0]ip address 192.168.1.1 24  # 配置接口 IP 地址
[USG-GigabitEthernet1/0/0]quit                       # 退出当前视图
[USG]interface GigabitEthernet 1/0/1                 # 进入接口视图
[USG-GigabitEthernet1/0/1]ip address 2.2.2.1 24      # 配置接口 IP 地址
[USG-GigabitEthernet1/0/1]quit                       # 退出当前视图
```

（3）将接口加入防火墙安全区域。

将防火墙的1/0/0接口加入trust区域。具体操作命令如下：

```
[USG]firewall zone trust                    # 进入可信区域
[USG -zone-trust]add interface GigabitEthernet 1/0/0
                                            # 将 GE1/0/0 接口加入可信区域
[USG -zone-trust]quit                       # 退出当前视图
```

将防火墙的GE1/0/1接口加入untrust区域。具体操作命令如下：

```
[USG]firewall zone untrust                  # 进入非可信区域
[USG -zone-untrust]add interface GigabitEthernet 1/0/1
                                            # 将 GE1/0/1 接口加入非可信区域
[USG -zone-untrust]quit                     # 退出当前视图
```

（4）配置域间包过滤策略。具体操作命令如下：

```
[USG]security-policy                        # 进入安全策略视图
```

建立名为source_net的安全策略。具体操作命令如下：

```
[USG-policy-security]rule name source_net  # 创建名为 source_net 的规则
```

添加192.168.1.0网段。具体操作命令如下：

```
[USG-policy-security-rule-source_net]source-address 192.168.1.0 24
                                            # 指定条件，源地址
```

设置源区域为trust、目标区域为untrust，并允许通过。具体操作命令如下：

```
[USG-policy-security-rule-source_net]source-zone trust
                                            # 指定条件，源区域
[USG-policy-security-rule-source_net]destination-zone untrust
                                            # 指定条件，目的区域
[USG-policy-security-rule-source_net]action permit
                                            # 满足以上条件，执行动作
```

（5）配置NAT地址池，公网地址范围为2.2.2.2~2.2.2.5。具体操作命令如下：

```
[USG]nat address-group q                           # 创建 NAT 地址池，并命名为 q
[USG-address-group-q]section 2.2.2.2 2.2.2.5       # 指定地址范围
```

（6）配置NAT policy。具体操作命令如下：

```
[USG]nat-policy                             # 进入 nat 策略视图
[USG-policy-nat]rule name source_nat        # 创建规则，并命名为 source_nat
[USG-policy-nat-rule-source_nat]destination-address 2.2.2.10 24
                                            # 指定条件，目的地址
[USG-policy-nat-rule-source_nat]source-address 192.168.1.0 24
                                            # 指定条件，源地址
[USG-policy-nat-rule-source_nat]source-zone trust     # 指定条件，源区域
[USG-policy-nat-rule-source_nat]destination-zone untrust
                                            # 指定条件，目的区域
[USG-policy-nat-rule-source_nat]action nat address-group q
                                            # 指定动作，使用地址池 q 做 NAT
```

三、实训验证

（1）从PC1 ping PC2的IP地址。具体操作命令如下：

```
PC>ping 2.2.2.10
Ping 2.2.2.10: 32 data bytes,  Press Ctrl_C to break
From 2.2.2.10: bytes=32 seq=1 ttl=127 time=16 ms
From 2.2.2.10: bytes=32 seq=2 ttl=127 time=15 ms
From 2.2.2.10: bytes=32 seq=3 ttl=127 time<1ms
```

（2）在防火墙使用display firewall session table命令查看NAT转换情况。具体操作命令如下：

```
[USG]display firewall session table         # 显示会话表
Current Total Sessions : 5
icmp VPN: public --> public 192.168.1.10: 43115[2.2.2.4: 2059] -->
2.2.2.10: 2048
```

```
    4  icmp VPN: public --> public 192.168.1.10: 43883[2.2.2.4: 2062] -->
2.2.2.10: 2048
    5  icmp VPN: public --> public 192.168.1.10: 43371[2.2.2.4: 2060] -->
2.2.2.10: 2048
    6  icmp VPN: public --> public 192.168.1.10: 43627[2.2.2.4: 2061] -->
2.2.2.10: 2048
    7  icmp VPN: public --> public 192.168.1.10: 42859[2.2.2.4: 2058] -->
2.2.2.10: 2048
```

小　结

本项目聚焦NAT技术，主要包含以下重点内容：

（1）NAT技术概述：因IPv4枯竭、IPv6未普及，因此应用地址转换表实现内外网通信，分为源NAT和目的NAT。

（2）源NAT技术：含基于源IP的一对一、多对一及Easy IP方式，应用NAT ALG与ASPF处理特殊协议。

（3）目的NAT技术：NAT Server实现外网访内网，有静态、动态等方式，Server-map表解决特殊应用，可结合源NAT实现服务器外访。

（4）双向NAT技术：适用于双方地址均需转换的场景，域内双向NAT需要配置多内容转换地址。

习　题

1. 以下（　　）选项是NAT技术产生的原因。

A. IP地址资源不足　　B. 保护内网服务器真实的IP地址

C. 某些特定的业务需要　　D. 便于对设备进行管理

2. NAT的应用方式（　　）。

A. 隐藏内部网络　　B. 一共享公共IP地址

C. 端口转发　　D. 双向通信

项目三 大中型企业网络安全秘技——用户管理技术

项目导入

小宇就职于一家大型企业的网络管理员岗位，公司员工人数众多，网络管理很困难。原来的管理是基于IP地址等传统五元组信息进行上网控制，但IP不等于用户、端口不等于应用，传统防火墙基于IP/端口的五元组访问控制策略已不能有效地应对现阶段网络环境的巨大变化。小宇要如何解决这个问题?

项目目标

（1）掌握AAA技术。

（2）掌握用户认证技术。

（3）掌握用户认证管理配置。

知识储备

用户管理

用户管理是计算机系统管理员必备的关键技能，涵盖多个重要方面。

（1）用户账号管理：主要负责用户账号的创建、修改及删除等操作，确保系统中用户账号准确与有效。

（2）用户组管理：包括创建、修改和删除用户组，通过将用户分配到不同的用户组，能够实现便捷的管理与授权，提升管理效率。

（3）用户权限管理：为不同用户设置相应权限，以此精准控制用户对系统资源的访问范围和可执行的操作，保障系统资源的安全使用。

（4）用户密码管理：制定用户密码策略，涉及密码强度要求、密码过期时间设置以及密码复杂度规定等，增强用户账户的安全性。

（5）用户登录管理：管控用户登录系统的方式，如本地登录、SSH登录等，确保登录过程的安全与规范。

（6）用户监管和审计：对用户的操作进行实时监控，并制定配套的审计策略，以便及时发现潜在风险和违规行为。

（7）多用户环境管理：研究如何在同一系统中，让多个用户高效使用资源，同时避免相互干扰，保障系统的稳定运行。

（8）LDAP（轻量级目录访问协议）：这是一种用于集中管理和授权用户/组的技术，如Microsoft Active Directory就是典型应用，它能有效整合用户管理流程。

（9）角色管理：通过为用户分配特定角色来赋予一组权限，可依据不同用户类型或职位创建不同角色，简化权限分配过程。

（10）安全加固：针对用户或用户组设置访问限制，进一步增强系统的安全性与稳定性，降低安全风险。

任务一　掌握用户认证和 AAA 技术原理

AAA技术作为网络用户管理的核心技术，在保障网络访问安全、规范用户权限方面发挥着关键作用。在本任务中，首先会了解AAA的简介，明确其基本概念、核心功能与重要性，搭建起对该技术的初步认知。接着深入探究AAA常见应用场景，知晓其在不同网络环境下如何发挥作用。随后剖析AAA的基本架构，理解其内部组成与运作逻辑。同时，学习AAA常用技术方案，掌握实现用户认证、授权和计费的多种技术手段。此外，还会探讨用户组织架构及管理，以及用户分类，明晰不同用户群体的特点与管理策略。最后，通过任务实践将理论知识应用于实际操作，切实掌握用户认证技术在设备登录场景中的具体运用。

一、AAA简介

AAA是Authentication（认证）、Authorization（授权）和Accounting（计费）的简称，是网络安全的一种管理机制，提供了认证、授权、计费三种安全功能。

（1）认证：验证用户是否可以获得访问权，确定哪些用户可以访问网络。

（2）授权：授权用户可以使用哪些服务。

（3）计费：记录用户使用网络资源的情况。

二、AAA常见应用场景

1. 通过RADIUS（远程用户拨号认证服务）服务器实现用户上网管理

（1）通过在NAS上配置AAA方案，实现NAS与RADIUS服务器的对接。

（2）用户在客户端输入用户名和密码后，NAS可以将这些信息发送至RADIUS服务器进行认证。

（3）如果认证通过，则授予用户访问Internet的权限。

（4）在用户访问过程中，RADIUS服务器还可以记录用户使用网络资源的情况。

2. 通过本地认证实现网络管理员权限控制

在防火墙上配置本地AAA方案后，当网络管理员登录防火墙时，防火墙将网络管理员的用户名密码等信息，与本地配置的用户名信息进行比对认证。

认证通过后，防火墙将授予网络管理员一定的管理员权限。

三、AAA的基本架构

AAA的基本架构中包括用户、NAS（network attached storage，网络附属存储）、AAA服务器。

（1）NAS负责集中收集和管理用户的访问请求，现网常见的NAS设备有交换机、防火墙等。

（2）AAA服务器负责集中管理用户信息。

NAS基于域来对用户进行管理，每个域都可以配置不同的认证、授权和计费方案，用于对该域下的用户进行认证、授权和计费。

每个用户都属于某一个域。用户属于哪个域是由用户名中的域名分隔符@后的字符串决定。例如，如果用户名是User1@Domain1，则用户属于Domain1域；如果用户名后不带有@，则用户属于系统默认域。

在NAS上会创建多个域来管理用户，不同的域可以关联不同的AAA方案；当收到用户接入网络的请求时，NAS会根据用户名来判断用户所在的域，根据该域对应的AAA方案对用户进行管控。

1. 认证

防火墙支持三种认证方式：

（1）不认证：完全信任用户，不对用户身份进行合法性检查。鉴于安全考虑，这种认证方式很少被采用。

（2）本地认证：将本地用户信息（包括用户名、密码和各种属性）配置在NAS上，此时NAS就是AAA Server。本地认证的优点是处理速度快、运营成本低；缺点是存储信息量受设备硬件条件限制。这种认证方式常用于对用户登录设备进行管理，如Telnet、FTP等。

（3）远端认证：将用户信息（包括用户名、密码和各种属性）配置在认证服务器上，支持通过RADIUS协议进行远端认证。NAS作为客户端，与RADIUS服务器进行通信。

常见的认证方式如图3.1所示。

图3.1　常见的认证方式

2. 授权

授权表示用户可以使用哪些业务，如公共业务、敏感业务等。防火墙支持的授权方式有不授权、本地授权、远端授权。授权内容包括用户组、VLAN、ACL编号等。

3. 计费

防火墙支持的AAA计费方式有：不计费、远端计费。计费功能用于监控授权用户的网络行为和网络资源的使用情况。

计费的主要含义有三个：

（1）用户用多长时间。

（2）用户花了多少钱。

（3）用户做了哪些操作。

四、AAA常用技术方案

目前华为设备支持基于RADIUS、HWTACACS、LDAP或AD来实现AAA，在实际应用中，RADIUS最为常用。

RADIUS服务器通过建立一个唯一的用户数据库，存储用户名、密码来对用户进行验证。其认证模型如图3.2所示

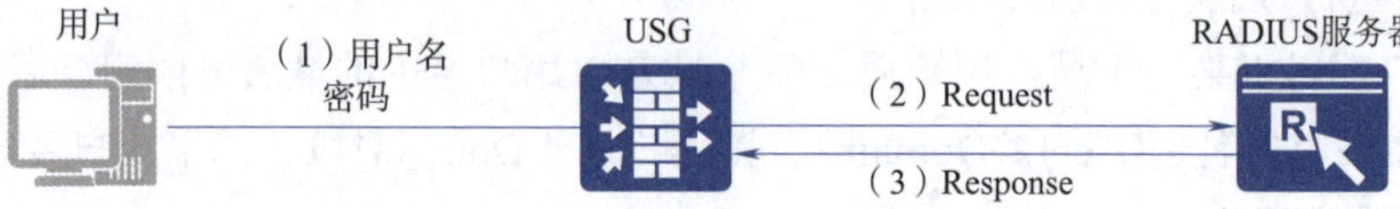

图3.2　RADIUS认证模型

RADIUS的消息结构如图3.3所示。

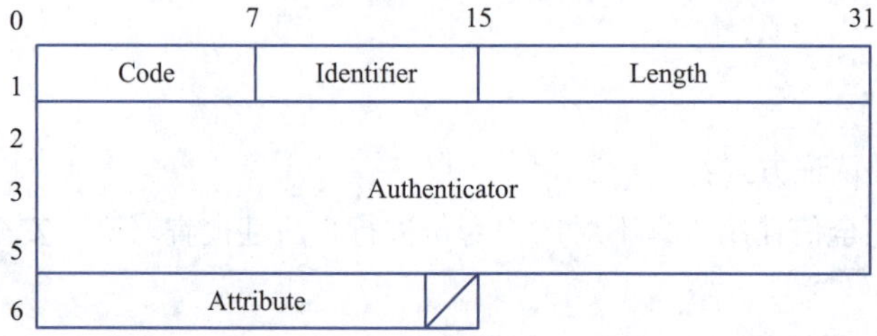

图3.3　RADIUS的消息结构

HWTACACS（Huawei terminal access controller access control system，华为终端访问控制器控制系统）协议是在TACACS协议的基础上进行了功能增强的安全协议。该协议与RADIUS协议的功能类似，采用客户端/服务器模式实现NAS与TACACS+服务器之间的通信。

HWTACACS的典型应用是对需要登录到设备上进行操作的终端用户进行认证、授权、计费。设备作为HWTACACS的客户端，将用户名和密码发给HWTACACS服务器进行验证。用户验证通过并得到授权之后可以登录到设备上进行操作。

HWTACACS协议与RADIUS协议的比较见表3.1。

表 3.1　HWTACACS 协议与 RADIUS 协议的比较

—	HWTACACS	RADIUS
端口使用	使用TCP协议	使用UDP协议。认证和授权端口号是1812和1813，或者1645和1646
加密情况	除了标准的HWTACACS报文头，对报文主体全部进行加密	只是对认证报文中的密码字段进行加密
认证和授权	认证与授权分离	认证与授权一起处理
应用	适于进行安全控制	适于进行计费
配置命令授权	支持对配置命令进行授权	不支持对配置命令进行授权

LDAP（lightweight directory access protocol，轻量级目录访问协议）是从X.500目录访问协议的基础上发展过来的，X.500是层次型的，所有对象被组织成树状结构。X.500目

录服务实现身份认证、访问控制。LDAP就是简化X.500目录的复杂度，同时适应Internet的需要。

AAA技术为用户认证提供手段。用户认证有以下几种：

1. 本地认证

访问者通过Portal认证页面将标识其身份的用户名和密码发送给防火墙（firewall，简称FW）。FW上存储了密码，验证过程在FW上进行，该方式称为本地认证。

2. 服务器认证

访问者通过Portal认证页面将标识其身份的用户名和密码发送给FW。FW上没有存储密码，它将用户名和密码发送至第三方认证服务器，验证过程在认证服务器上进行，该方式称为服务器认证。

3. 单点登录

访问者将标识其身份的用户名和密码发送给第三方认证服务器，认证通过后，第三方认证服务器将访问者的身份信息发送给FW。FW只记录访问者的身份信息不参与认证过程，该方式称为单点登录（single sign-on）。

4. 短信认证

访问者通过Portal认证页面获取短信验证码，然后输入短信验证码即可通过认证。FW通过校验短信验证码认证访问者。

五、用户组织架构及管理

用户是网络访问的主体，是防火墙进行网络行为控制和网络权限分配的基本单元。用户组织架构中涉及三个概念：

（1）认证域：用户组织结构的容器，防火墙默认存在default认证域，用户可以根据需求新建认证域。

（2）用户组/用户：用户按树状结构组织，用户隶属于组（部门）。管理员可以根据企业的组织结构来创建部门和用户。

（3）安全组：横向组织结构的跨部门群组。当需要基于部门以外的维度对用户进行管理时可以创建跨部门的安全组。例如，企业中跨部门成立的群组。

系统有一个默认认证域，每个用户组可以包括多个用户和用户组。每个用户组只能属于一个父用户组，每个用户至少属于一个用户组，也可以属于多个用户组。

认证域是认证流程中的重要环节，其配置决定了对用户的认证方式以及用户的组织结构。对于不同认证方式的用户，认证域的作用不尽相同。

六、用户分类

1. 管理员

管理员用户指通过Telnet、SSH、Web、FTP等协议或通过Console接口访问设备并对设备进行配置或操作的用户。

2. 上网用户

上网用户是网络访问的标识主体，是设备进行网络权限管理的基本单元。设备通过对访问网络的用户进行身份认证，从而获取用户身份，并针对用户的身份进行相应的策略控制。

3. 接入用户

指在外部网络中访问网络资源的主体，如企业的分支机构员工和出差员工。接入用户需要先通过SSL VPN、L2TP VPN、IPSec VPN或PPPoE方式接入防火墙，然后才能访问企业总部的网络资源。

任务实践 3-1 管理员使用Telnet方式登录设备（本地认证）

设备在默认状态下，是不允许进行Telnet登录的，因此需要搭建Telnet登录环境。下面将详细介绍组网需求、数据规划、配置思路以及具体的操作步骤。

1. 组网需求

如图3.4所示，为防火墙配置一个本地管理员。要求管理员可以通过Telnet登录到CLI(命令行界面)界面对防火墙进行管理和维护。防火墙对管理员进行本地认证。

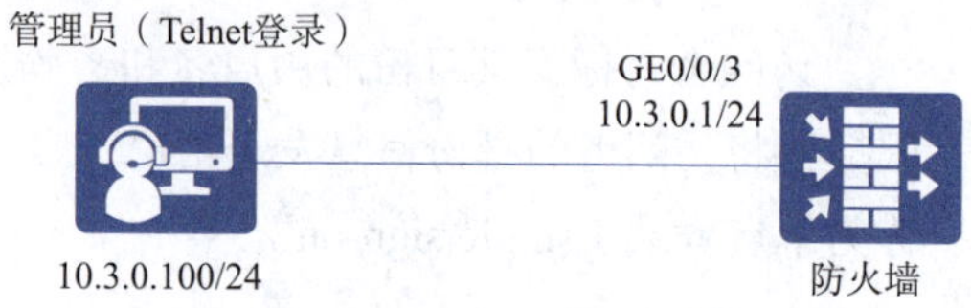

图3.4 通过Telnet登录CLI界面组网图

2. 数据规划

数据规划见表3.2。

表 3.2 数据规划

项　目	数　据	说　明
VTY界面超时断连时间	5分钟	默认为10 min
自动锁定的验证失败次数	2次	默认为3次
自动锁定的时间	10分钟	默认为30 min
管理员账号/密码	vtyadmin/Mydevice@abc	账号和密码设置好后请牢记
管理员PC的IP地址	10.3.0.100/255.255.255.0	—

3. 配置思路

（1）开启防火墙的Telnet服务。

（2）配置登录接口。

（3）配置VTY管理员界面。

（4）配置管理员。

（5）配置管理员PC的IP地址，使用Telnet工具软件登录VTY（虚拟终端）界面。

4. 操作步骤

（1）首次登录准备：如果是首次登录CLI界面，需要先通过Console登录CLI界面，然后按下述步骤搭建Telnet登录环境。

（2）开启Telnet服务：根据需要选择开启IPv4或IPv6的Telnet服务，以下以开启IPv4服务为例，具体操作命令如下：

```
[FW] system-view                          # 进入系统视图
[FW] telnet server enable                 # 使能 Telnet 服务
```

（3）配置登录接口（可选）：如果使用管理口的默认配置登录设备，无须执行此步骤。管理口的默认IP地址为192.168.0.1，接口已经加入trust区域，并且允许管理员通过Telnet登录设备。

①配置接口IP地址以及接口的访问控制功能允许管理员通过接口Telnet登录设备。具体操作命令如下：

```
[FW] interface GigabitEthernet 0/0/3      # 进入接口视图
[FW-GigabitEthernet0/0/3] ip address 10.3.0.1 255.255.255.0
                                          # 配置 IP 地址
[FW-GigabitEthernet0/0/3] service-manage enable      # 服务管理使能
[FW-GigabitEthernet0/0/3] service-manage telnet permit
                                          #telnet 服务放行
[FW-GigabitEthernet0/0/3] quit            # 退出当前视图
```

②将接口加入安全区域。具体操作命令如下：

```
[FW] firewall zone trust                  # 进入可信区域
[FW-zone-trust] add interface GigabitEthernet0/0/3    # 将接口加入区域
[FW-zone-trust] quit                      # 退出当前视图
```

（4）配置VTY管理员界面。配置VTY管理员界面认证方式为AAA，管理员闲置断连的时间为5 min（缺省10 min）。

VTY管理员界面默认是5个，如果需要增加，可执行user-interfacemaximum-vty number命令进行扩充。具体操作命令如下：

```
[FW] user-interface vty 0 4               # 进入用户接口视图
[FW-ui-vty0-4] authentication-mode aaa    # 认证模式 aaa
[FW-ui-vty0-4] protocol inbound telnet    # 访问协议 Telnet
[FW-ui-vty0-4] user privilege level 3     # 用户权限级别 3
[FW-ui-vty0-4] idle-timeout 5             # 超时时间
[FW-ui-vty0-4] quit                       # 退出当前视图
```

（5）配置Telnet管理员：

①创建管理员角色（可选）。如果使用默认的管理员角色，则忽略此步骤。具体操作命令如下：

```
[FW] aaa                                                   # 进入 aaa 视图
[FW-aaa] role service-admin                                # 创建角色
 [FW-aaa-role-service-admin]description policy_object_network_
readwrite_and_other_modules_none
                                                           # 角色描述信息
[FW-aaa-role-service-admin] dashboard none                 # 面板无权限
[FW-aaa-role-service-admin] monitor none                   # 监控无权限
[FW-aaa-role-service-admin] system none                    # 系统无权限
[FW-aaa-role-service-admin] network read-write             # 网络读 / 写权限
```

```
[FW-aaa-role-service-admin] object read-write        # 对象读 / 写权限
[FW-aaa-role-service-admin] policy read-write        # 策略读 / 写权限
 [FW-aaa-role-service-admin] quit                    # 退出当前视图
```

②创建管理员，并为管理员绑定角色。具体操作命令如下：

```
[FW] aaa     # 进入 aaa 视图
[FW-aaa] manager-user vtyadmin                                  # 创建用户
[FW-aaa-manager-user-vtyadmin] password                         # 指定密码
Enter Password:
Confirm Password:
[FW-aaa-manager-user-vtyadmin] service-type telnet              # 用户可使用的服务
[FW-aaa-manager-user-vtyadmin] quit                             # 退出当前视图
[FW-aaa] bind manager-user vtyadmin role service-admin
                                                                # 将用户与角色绑定
```

③配置管理员登录失败自动锁定功能（可选）。默认情况下连续3次登录失败，账号锁定30 min。以下以连续2次登录失败，账号锁定10 min为例进行配置。具体操作命令如下：

```
[FW-aaa] lock-authentication enable                  # 登录失败锁定使能
[FW-aaa] lock-authentication failed-count 2          # 登录失败 2 次锁定
[FW-aaa] lock-authentication timeout 10              # 登录失败锁定时间 10 min
```

（6）配置本地管理员PC，具体操作如下：

①设置管理员PC的IP地址为10.3.0.100，子网掩码255.255.255.0。

②在管理员PC上运行Telnet工具软件（以Windows系统为例），在PC上选择“开始”→“运行”命令，显示“运行”窗口，单击“打开”选项，在输入框输入telnet 10.3.0.1。

③单击“确定”按钮，开始连接防火墙。

④在登录界面的“Username:”后vtyadmin，然后按【Enter】键。

⑤在“Password:”后输入Mydevice@abc，然后按【Enter】键即可登录到VTY界面，管理员配置成功。

5. 配置脚本

本部分主要介绍设备的一系列配置，涵盖Telnet服务启用、接口配置、用户界面设置、AAA认证配置、账号管理、角色绑定以及安全区域设置等，以实现设备的安全访问与网络通信功能。

（1）启用Telnet服务。具体操作命令如下：

```
telnet server enable
```

该命令用于启用设备的Telnet服务器功能，使得设备能够接受来自远程客户端的Telnet连接请求，从而实现远程管理设备的目的。

（2）配置接口。具体操作命令如下：

```
interface GigabitEthernet0/0/3
ip address 10.3.0.1 255.255.255.0
service-manage enable
service-manage telnet permit
```

这段配置针对GigabitEthernet0/0/3接口，设置其IP地址为10.3.0.1，子网掩码为255.255.255.0。同时，启用该接口的服务管理功能，并允许Telnet服务通过该接口进行访问，确保设备可以通过此接口与外部网络进行通信，且Telnet连接能够正常建立。

（3）配置用户界面。具体操作命令如下：

```
user-interface vty 0 4
authentication-mode aaa
protocol inbound telnet
user privilege level 3
idle-timeout 5
```

在用户界面配置中，针对虚拟终端线路（vty 0~vty 4）进行设置。采用AAA（认证、授权和计费）认证模式对登录用户进行身份验证，指定允许通过Telnet协议进行入站连接。设置用户的特权级别为3，拥有较高的操作权限，同时设置空闲超时时间为5 min，若用户在5 min内无操作，将自动断开连接，以保障设备安全。

（4）配置AAA认证。具体操作命令如下：

```
aaa
authentication-scheme default
```

启用AAA功能，并创建默认的认证方案。AAA功能为设备提供了一套完整的用户认证、授权和计费机制，通过该配置，设备将依据默认认证方案对用户进行身份验证，确保只有合法用户能够登录设备。

（5）管理账号。具体操作命令如下：

```
manager-user vtyadmin
password cipher %@%@*y: 3*ZN}.%%qcL1cCyDwlB.|@XBVMDWq'6JF(iOz2D8>A\SN%@%@
service-type telnet
level 15
lock-authentication enable
lock-authentication failed-count 2
lock-authentication timeout 10
```

创建名为vtyadmin的管理用户，设置其密码（密码以密文形式显示），指定该用户的服务类型为Telnet，特权级别为15（最高级别），拥有对设备的完全控制权限。同时，启用锁定认证功能，当用户连续认证失败2次后，将锁定该账号，锁定时间为10 min，以此增强账号的安全性，防止暴力破解。

（6）绑定角色。具体操作命令如下：

```
bind manager-user vtyadmin role service-admin
role service-admin
description policy_object_network_readwrite_and_other_modules_none
dashboard none
monitor none
system none
network read-write
object read-write
policy read-write
```

将用户vtyadmin绑定到service-admin角色，该角色具备对网络、对象和策略的读/写权限，而对仪表盘、监控和系统相关功能无操作权限。通过角色绑定，实现对用户权限的精细管理，确保用户只能执行与其角色相符的操作，保障设备配置和网络安全。

（7）设置安全区域。具体操作命令如下：

```
firewall zone trust
set priority 85
add interface GigabitEthernet0/0/3
```

将GigabitEthernet0/0/3接口添加到trust安全区域，并设置该区域的优先级为85。在防火墙的安全区域划分中，trust区域通常用于连接内部可信网络，较高的优先级确保该区域内的流量在经过防火墙策略处理时，能够得到相应的优先处理，保障内部网络的安全通信。

任务二　用户认证管理

通过对用户认证和AAA技术原理的系统学习，我们已经掌握了其核心概念、架构以及常用技术方案，对网络用户管理的底层逻辑有了清晰认知。然而，要将这些理论知识切实应用到实际的网络环境中，还需要深入了解用户认证管理的具体流程与多样方式。本任务专注于用户认证管理的学习，从用户认证流程入手，梳理用户从发起访问请求到通过认证的完整步骤，明确每一个环节的关键作用。继而详细探讨管理员认证方式——SSH，掌握如何通过安全的加密通道实现管理员对设备的安全登录与管理。同时，深入研究上网用户认证方式、接入用户认证方式，了解不同类型用户在访问网络时的认证手段。此外，针对内置Portal认证，分别剖析会话认证和事前认证这两种方式的特点与应用场景。在认证策略方面，会学习认证策略的制定与组成信息，理解如何根据不同的网络需求和用户群体，精准配置认证策略。最后，通过用户认证配置的学习，将上述理论知识转化为实际操作，能够熟练搭建起安全、高效的用户认证体系，切实保障网络访问的安全性与规范性。

一、用户认证流程

用户分为管理员、上网用户、接入用户，其认证流程通常不相同。不同用户的认证流程具体分析如下：

1. 管理员认证登录方式

管理员的主要职责是实现对设备的管理、配置和维护。其登录方式主要有以下几种：

（1）Console：通过Console接口，可采用命令行方式对设备进行管理。该方式通常适用于设备的首次配置场景，或者当设备配置文件丢失、无任何配置的情况。当设备系统无法正常启动时，还能借助Console口进行故障诊断，或者进入BootRom进行系统升级。

（2）Web：终端设备可通过HTTP/HTTPS协议，以远程登录的方式访问设备，进而实现对设备的配置和管理操作。

（3）Telnet：作为一种传统的登录方式，Telnet主要用于通过命令行来对设备进行配置和管理。

（4）FTP：FTP管理员利用这种方式，能够对设备存储空间内的文件执行上传和下载操作。

（5）SSH：SSH具备安全的信息保障机制以及强大的认证功能，它可以在不安全的网络环境中搭建一条安全的“通道”。在这种情况下，设备充当SSH服务器的角色。

2. 上网用户认证登录方式

上网用户主要目的是访问外部网络资源。其认证流程一般侧重于验证用户身份和权限以允许其访问互联网。常见的认证方式有账号密码认证（如在路由器、网关等设备上输入用户名和密码）、基于MAC地址的认证（根据设备的物理地址识别用户）、Portal认证（用户打开浏览器访问网页时，会被重定向到认证页面，输入正确信息后才能上网）等。上网用户的认证通常更注重便捷性和用户体验，同时也需要一定的安全性来防止非法用户接入网络。

3. 接入用户认证登录方式

接入用户的概念相对较宽泛，可能包括通过各种方式接入网络或系统的用户，如无线接入、有线接入等。其认证流程根据接入方式和具体场景有所不同，例如，在企业局域网中，无线接入用户可能需要通过WPA2等加密协议进行身份验证，输入正确的无线网络密码；而在一些需要特定权限才能接入的网络环境中，接入用户可能还需要进行额外的身份验证，如数字证书认证、802.1X认证（基于端口的网络访问控制协议，可对连接到网络的设备进行认证）等。

二、管理员认证方式——SSH

SSH（secure shell，安全外壳协议）是建立在应用层基础上的安全协议，避免数据的明文传输。SSH可靠性高，是专为远程登录会话和其他网络服务提供安全性的协议。利用SSH协议可以有效防止远程管理过程中的信息泄露问题。SSH安全验证方式主要有基于密码的安全验证和基于密钥的安全验证两种。

简单地说，SSH是一种网络协议，用于计算机之间的加密登录。如果一个用户从本地计算机使用SSH协议登录另一台远程计算机，就可以认为这种登录是安全的，即使被中途截获，密码也不会泄露。

SSH基于密码安全验证登录步骤：

（1）用户发起登录请求。

（2）远程主机将自己的公钥返回给请求主机。

（3）请求主机使用公钥对用户输入的密码进行加密。

（4）请求主机将加密后的密码发送给远程主机。

（5）远程主机使用私钥对密码进行解密。

（6）远程主机判断解密后的密码是否与用户密码一致，一致则登录成功。

SSH基于密钥的安全验证登录步骤：

（1）用户主机生成密钥对，并将公钥导入远程主机。

（2）用户发起登录请求。

（3）远程主机向用户返回一个随机串。

（4）用户所在主机使用私钥对这个随机串进行加密，并将加密的随机串返回至远程主机。

（5）远程主机使用导入进来的公钥对加密随机串进行解密；如果解密成功，就证明用户的登录信息是正确的，则允许登录。

三、上网用户认证方式

（1）单点登录：此种方式适用于部署防火墙用户认证功能之前已经部署认证系统的场景。

（2）内置Portal认证：此种方式适用于通过防火墙对用户进行认证的场景。

（3）用户自定义Portal认证：目前存在两种类型的自定义Portal认证，即防火墙参与认证及防火墙不参与认证。

（4）用户免认证：免认证是指用户无须输入用户名、密码，但是防火墙可以获取用户和IP的对应关系，从而实现用户管理。

四、内置Portal认证——会话认证

会话认证是用户不主动进行身份认证，先进行HTTP业务访问，在访问过程中进行认证。认证通过后，再进行业务访问。

当防火墙收到用户的第一条HTTP业务访问数据流时，将HTTP请求重定向到认证页面，触发访问者身份认证。认证通过后，就可以访问HTTP业务及其他业务。

五、内置Portal认证——事前认证

事前认证是指访问者在访问网络资源之前，先主动进行身份认证，认证通过后，再访问网络资源。

用户主动向防火墙提供的认证页面发起认证请求。防火墙收到认证请求后，对其进行身份认证。认证通过后，就可以访问Internet。

六、接入用户认证方式

接入用户认证主要是针对各类通过VPN接入的用户进行身份验证，常见的VPN接入方式包括SSL VPN、L2TP VPN、IPSec VPN、PPPoE等，以下重点介绍SSL VPN。

SSL VPN是一种以HTTPS为基础的VPN技术，工作在传输层和应用层之间，在Internet网络环境下提供具备机密性的安全协议。其主要提供的业务涵盖Web代理、网络扩展、文件共享和端口转发等功能。用户可通过外网利用SSL VPN拨入防火墙，从而实现访问内网资源的需求。

1. SSL协议通信的握手流程

（1）客户端发起连接与身份验证请求：SSL客户端主动向SSL服务器发起连接请求，并要求服务器对自身身份进行验证。

（2）服务器出示数字证书证明身份：服务器通过发送自身的数字证书来证明其身份。

（3）服务器请求验证客户端证书：服务器向客户端发出请求，对客户端的证书进行验证。

（4）协商加密算法与哈希函数：在验证通过后，双方开始协商用于加密的消息加密算法以及用于完整性检查的哈希函数。通常情况下，由客户端提供其支持的所有算法列表，然后由服务器从中选择最强大的加密算法。

2. 客户端和服务器生成会话密钥的步骤

（1）客户端加密随机数发送至服务器：客户端先生成一个随机数，并使用从服务器证书中获取的服务器公钥对该随机数进行加密，然后将加密后的随机数发送到服务器上。

（2）服务器响应随机数据：服务器以随机数据进行响应（若客户端的密钥可用，则使用客户端密钥；若不可用，则以明文方式发送数据）。

（3）生成会话密钥：双方使用哈希函数从随机数据中生成会话密钥。

七、认证策略

认证策略用于决定防火墙需要对哪些数据流进行认证，匹配认证策略的数据流必须经过防火墙的身份认证才能通过。默认情况下，防火墙不对经过自身的数据流进行认证，仅认证匹配认证策略的数据流。如果经过防火墙的流量匹配了认证策略将触发如下动作：

（1）会话认证：用户访问HTTP业务时，如果数据流匹配了认证策略，防火墙会推送认证页面要求访问者进行认证。

（2）事前认证：用户访问非HTTP业务时必须主动访问认证页面进行认证，否则匹配认证策略的业务数据流将被防火墙禁止。

（3）免认证：用户访问业务时，如果匹配了免认证的认证策略，则无须输入用户名、密码直接访问网络资源。防火墙根据用户与IP/MAC的绑定关系来识别用户。

（4）单点登录：单点登录用户上线不受认证策略控制，只有当用户业务流量匹配认证策略时才进行策略管控。

需要注意，以下流量即使匹配了认证策略也不会触发认证：

（1）访问设备或设备发起的流量。

（2）DHCP、BGP、OSPF、LDP报文。

（3）触发认证的第一条HTTP业务数据流对应的DNS报文不受认证策略控制，用户认证通过上线后的DNS报文受认证策略控制。

八、认证策略组成信息

认证策略是由多个规则组合而成的集合。其中，认证策略规则包含条件和动作两部分：

1. 条件

条件是防火墙用于匹配报文的依据，涵盖源/目的安全区域、源地址/地区以及目的地址/地区。通过这些条件，防火墙能够精准定位特定的数据流。

2. 动作

动作即防火墙针对匹配到的数据流所采取的处理方式，具体如下：

（1）Portal认证：针对符合条件的数据流，执行Portal认证，引导用户在特定页面完成身份验证。

（2）短信认证：对符合条件的数据流采用短信认证方式，要求用户输入短信验证码，以此确认身份。

（3）免认证：对于符合条件的数据流免除常规认证流程，防火墙借助其他手段识别用户身份。主要应用场景如下：

①在企业中，针对高级管理者，防火墙利用用户与IP/MAC地址的绑定关系，识别数据流所属用户。

②在AD/RADIUS单点登录场景下，由于防火墙已从其他认证系统获取用户信息，因此对单点登录用户的业务流量进行免认证。

（4）不认证：针对符合条件的数据流不进行任何认证操作，主要适用于以下情形：

①本身就不需要经过防火墙认证的数据流。

②在AD/RADIUS单点登录场景中，若待认证的访问者与认证服务器之间交互的数据流经过防火墙，要求对这类数据流不进行认证。

值得注意的是，防火墙上存在一条默认的认证策略，其所有匹配条件均设置为任意（any），动作则设为不认证。这意味着在没有其他特定策略匹配的情况下，该默认策略将发挥作用，不对相关数据流进行认证。

九、用户认证配置

上网用户认证及配置流程具体如下：

1. 配置用户/用户组

在设备实施基于用户或用户组的管理模式前，首要任务是创建用户或用户组。设备为用户提供了多样化的创建途径，包括管理员手动配置、本地导入以及服务器导入。

2. 手动配置组/用户

（1）防火墙上预先设有default认证域，可在该认证域下级直接创建用户或用户组。若有规划其他认证域组织结构的需求，应先完成认证域的配置。

（2）当企业需要依据自身组织结构搭建用户组，并基于这些用户组进行网络权限分配等管理操作时，此步骤必不可少。

（3）若采用本地密码认证方式对用户进行认证，必须在本地创建用户，并准确配置本地密码信息。

3. 本地导入

设备支持将CSV格式文件导入，以实现用户或用户组的快速创建。

4. 服务器导入

在实际网络环境中，第三方认证服务器的应用极为广泛，许多公司的网络都部署了认证服务器，这些服务器中存储着所有用户和用户组的信息。从认证服务器上批量导入用户是指通过服务器导入策略，将认证服务器上用户信息导入设备上。

完成用户/用户组的配置后，接下来需要进行认证选项的配置，这部分内容涵盖全局参数、单点登录以及定制认证页面三方面的设置。

任务实践 3-2 上网用户+本地认证

防火墙（FW）作为企业的出口网关时，在FW本地存储用户信息，对上网用户进行本地认证和管理。

1. 组网需求

某企业在网络边界处部署了FW作为出口网关，连接内部网络与Internet，如图3.5所示。

企业内部网络中的访问者角色包括研发部员工、市场部员工和来访客户，这些人员均动态获取IP地址。

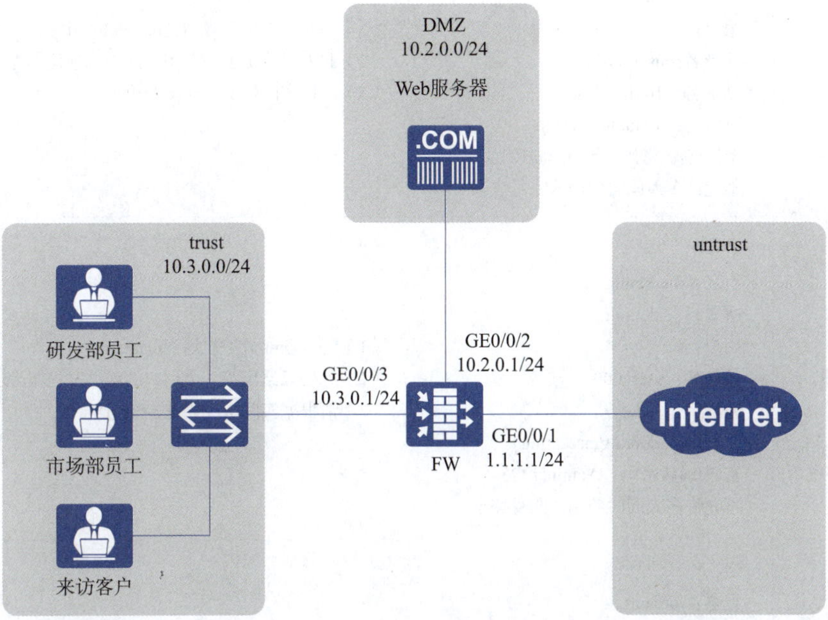

图3.5　上网用户+本地认证组网图

企业的网络管理员希望利用FW提供的用户管理与认证机制，将内部网络中的IP地址识别为用户，为实现基于用户的网络行为控制和网络权限分配提供基础。具体需求如下：

（1）在FW上存储用户和部门的信息，体现公司的组织结构，供策略引用。

（2）研发部员工和市场部员工访问网络资源之前必须通过FW的认证。

（3）对于来访客户，访问网络资源之前必须通过FW的认证，并且只能使用特定的用户来进行认证。

（4）访问者使用会话认证的方式来触发认证过程，即访问者使用浏览器访问某个Web页面，FW会将浏览器重定向到认证页面。认证通过后，浏览器的界面会自动跳转到先前访问的Web页面。

2. 配置思路

这里只介绍配置用户与认证相关的内容。具体配置认证步骤如下：

（1）创建用户组和用户，同时设置用户的密码。

（2）创建认证策略，配置匹配条件和认证动作。

（3）配置default认证域，将接入控制设置为“上网行为管理”。

（4）配置安全策略，允许访问者访问认证页面。

3. 数据规划

数据规划见表3.3。

表 3.3　数据规划

项　目	数　据	说　明
研发部员工	组： 组名：research。 所属组：/default 用户： 登录名：user_0001。 显示名：Tom。 所属组：/default/research。 密码/确认密码：Admin@123。 不允许多人同时使用该账号登录	（1）将研发部员工规划到research组中。 （2）此处只给出了一个用户的创建过程作为示例。 （3）根据实际情况创建多个用户
市场部员工	组： 组名：marketing。 所属组：/default。 用户： 登录名：user_0002。 显示名：Jack。 所属组：/default/marketing。 密码/确认密码：Admin@123。 不允许多人同时使用该账号登录	（1）将市场部员工规划到marketing组中。 （2）此处只给出了一个用户的创建过程作为示例。 （3）请根据实际情况创建多个用户
来访客户	组： 组名：/default。 用户： 登录名：guest。 所属组：/default。 密码/确认密码：Admin@123。 允许多人同时使用该账号登录	（1）所有来访客户都使用guest用户来进行认证。 （2）该用户允许多人同时登录
认证策略	名称：policy_auth_01。 源安全区域：Trust。 源地址/地区：10.3.0.0/24。 目的安全区域：any。 目的地址/地区：any。 认证动作：Portal认证。	（1）对匹配条件的研发部员工、市场部员工和来访客户进行认证。 （2）研发部员工、市场部员工和来访客户必须。通过防火墙的认证后才能访问网络资源
认证域	名称：default。 接入控制：上网行为管理。	使用默认的default认证域来进行认证，研发部员工、市场部员工和来访客户在认证时输入的用户名无须携带认证域，便于记忆

4. 操作步骤

（1）配置接口IP地址，并将接口加入安全区域。下面以接口GigabitEthernet 0/0/3为例进行介绍，其他接口请根据组网图数据进行配置。具体操作命令如下：

```
<FW> system-view                                              # 进入系统视图
[FW] interface GigabitEthernet 0/0/3                          # 进入接口视图
[FW-GigabitEthernet0/0/3] ip address 10.3.0.1 24              # 配置接口地址
```

```
[FW-GigabitEthernet0/0/3] quit                          # 退出当前视图
[FW] firewall zone trust                                # 进入可信区域视图
[FW-zone-trust] add interface GigabitEthernet 0/0/3     # 接口加入区域
[FW-zone-trust] quit                                    # 退出当前视图
```

（2）创建研发部员工对应的组和用户。具体操作命令如下：

```
[FW] user-manage group /default/research                # 创建用户组
[FW-usergroup-/default/research] quit                   # 退出当前视图
[FW] user-manage user user_0001                         # 创建用户
[FW-localuser-user_0001] alias Tom                      # 指定用户别名
[FW-localuser-user_0001] parent-group /default/research
                                                # 指定用户所属用户组
[FW-localuser-user_0001] password Admin@123     # 指定用户密码
[FW-localuser-user_0001] undo multi-ip online enable # 禁止多 IP 在线
 [FW-localuser-user_0001] quit                          # 退出当前视图
```

（3）创建市场部员工对应的组和用户。具体操作命令如下：

```
[FW] user-manage group /default/marketing               # 创建用户组
[FW-usergroup-/default/marketing] quit                  # 退出当前视图
[FW] user-manage user user_0002                         # 创建用户
[FW-localuser-user_0002] alias Jack                     # 指定用户别名
[FW-localuser-user_0002] parent-group /default/marketing
                                                        # 指定用户所属用户组
[FW-localuser-user_0002] password Admin@123             # 指定密码
[FW-localuser-user_0002] undo multi-ip online enable # 禁用多 IP 在线
[FW-localuser-user_0002] quit                           # 退出当前视图
```

（4）创建来访客户对应的用户。具体操作命令如下：

```
[FW] user-manage user guest                     # 创建用户
[FW-localuser-user_guest] parent-group /default # 指定用户所属用户组
[FW-localuser-user_guest] password Admin@123    # 指定密码
[FW-localuser-user_guest] quit                  退出当前视图
```

（5）设置用户认证通过后自动跳转到先前访问的Web页面。具体操作命令如下：

```
[FW] user-manage redirect     # 用户认证通过后自动跳转到先前访问的 Web 页面
```

（6）配置认证策略。具体操作命令如下：

```
[FW] auth-policy                                # 认证策略视图
[FW-policy-auth] rule name policy_auth_01       # 创建规则
[FW-policy-auth-rule-policy_auth_01] source-zone trust
                                                # 指定条件，源区域
[FW-policy-auth-rule-policy_auth_01] source-address 10.3.0.0 24
                                                        # 指定条件，源地址
[FW-policy-auth-rule-policy_auth_01] action auth        # 指定动作
[FW-policy-auth-rule-policy_auth_01] quit               # 退出当前视图
[FW-policy-auth] quit                                   # 退出当前视图
```

（7）配置认证域，具体操作命令如下：

```
[FW] aaa                                # 进入 aaa 视图
```

```
[FW-aaa] domain default          # 进入域视图
[FW-aaa-domain-default] service-type internetaccess
                                 # 指定管理员服务器认证通过后允许接入
[FW-aaa-domain-default] quit     # 退出当前视图
[FW-aaa] quit                    # 退出当前视图
```

（8）配置安全策略。具体操作命令如下：

①配置允许用户访问认证页面的安全策略。

```
[FW] security-policy                                  # 进入安全策略视图
[FW-policy-security] rule name policy_sec_01          # 创建规则
[FW-policy-security-rule-policy_sec_01] source-zone trust
                                                      # 指定条件，源区域
[FW-policy-security-rule-policy_sec_01] destination-zone local
                                                      # 指定条件，目的区域
[FW-policy-security-rule-policy_sec_01] source-address 10.3.0.0 24
                                                      # 指定条件，源地址
[FW-policy-security-rule-policy_sec_01] service protocol tcp destination-port 8887
                                                      # 指定条件，服务
[FW-policy-security-rule-policy_sec_01] action permit # 指定动作，放行
[FW-policy-security-rule-policy_sec_01] quit          # 退出当前视图
```

注意：开放trust到untrust的DNS服务，允许解析HTTP业务域名的DNS报文通过。

②配置允许用户访问外网的安全策略。

```
[FW-policy-security] rule name policy_sec_02          # 创建规则
[FW-policy-security-rule-policy_sec_02] source-zone trust
                                                      # 指定条件，源区域
[FW-policy-security-rule-policy_sec_02] source-address 10.3.0.0 24
                                                      # 指定条件，源地址
[FW-policy-security-rule-policy_sec_02] destination-zone untrust
                                                      # 指定条件，目的区域
[FW-policy-security-rule-policy_sec_02] action permit  # 指定动作，允许
[FW-policy-security-rule-policy_sec_02] quit           # 退出当前视图
```

③配置允许用户访问服务器区的安全策略。

```
[FW-policy-security] rule name policy_sec_03          # 创建规则
[FW-policy-security-rule-policy_sec_03] source-zone trust
                                                      # 指定条件，源区域
[FW-policy-security-rule-policy_sec_03] source-address 10.3.0.0 24
                                                      # 源地址
[FW-policy-security-rule-policy_sec_03] destination-zone dmz
                                                      # 目的地址
[FW-policy-security-rule-policy_sec_03] action permit    # 指定动作
[FW-policy-security-rule-policy_sec_03] quit             # 退出当前视图
[FW-policy-security] quit                                # 退出当前视图
```

完成上述配置后，管理员在配置安全策略、策略路由、带宽策略、配额控制策略、代理策略以及审计策略时引用用户/组。

5. 结果验证

（1）研发部员工Tom使用浏览器访问www.exam×××.org，将会重定向至认证页面，输入用户名user_0001和密码Admin@123进行认证。通过认证后，浏览器的界面会自动跳转到www.exam×××.org页面。

（2）市场部员工Jack使用浏览器访问www.exam×××.org，将会重定向至认证页面，输入用户名user_0002和密码Admin@123进行认证。通过认证后，浏览器的界面会自动跳转到www.exam×××.org页面。

（3）来访客户使用浏览器访问www.exam×××.org，将会重定向至认证页面，输入用户名和密码Admin@123进行认证。通过认证后，浏览器的界面会自动跳转到www.exam×××.org页面。

（4）员工或来访客户访问非HTTP类业务，例如，访问FTP服务器时需要首先主动访问认证页面https：//10.3.0.1：8887，通过认证后才能访问。其中，认证页面的IP地址必须是FW接口IP地址，并且用户与该地址之间路由可达。

在FW上执行命令display user-manage online-user可以查看到在线用户信息。具体操作命令如下：

```
<FW> display user-manage online-user verbose  #显示在线用户详细信息
Current Total Number: 3
--------------------------------------------------------------------------
IP Address: 10.3.0.2
Login Time: 2015-01-21 14: 58: 36  Online Time: 00: 00: 49
State: Active  TTL: 00: 30: 00  Left Time: 00: 29: 59
Access Type: local
Authentication Mode: Password（Local）
Access Device Type: unknown
<--packets: 0 bytes: 0  -->packets: 0 bytes: 0
Build ID: 0
User Name: user_0001 Parent User Group: /default/research
IP Address: 10.3.0.5
Login Time: 2015-01-21 14: 58: 54  Online Time: 00: 00: 31
State: Active  TTL: 00: 30: 00  Left Time: 00: 30: 17
Access Type: local
Authentication Mode: Password（Local）
Access Device Type: unknown
<--packets: 0 bytes: 0  -->packets: 0 bytes: 0
Build ID: 0
User Name: user_0002 Parent User Group: /default/marketing
IP Address: 10.3.0.10
Login Time: 2015-01-21 14: 58: 36  Online Time: 00: 00: 49
State: Active  TTL: 00: 30: 00  Left Time: 00: 29: 59
Access Type: local
Authentication Mode: Password(Local)
Access Device Type: unknown
<--packets: 0 bytes: 0  -->packets: 0 bytes: 0
Build ID: 0
```

```
User Name: guest Parent User Group: /default
---------------------------------------------------------------
```

6. 配置脚本

本部分继续介绍设备配置，涵盖设备命名、用户重定向配置、接口设置、安全区域划分、AAA与域配置、安全策略与认证策略设置以及用户和用户组创建等内容，进一步完善设备功能与安全管理。

（1）设备命名与用户重定向配置。具体操作命令如下：

```
sysname FW
user-manage redirect
```

sysname FW这条命令用于将设备命名为FW，方便在网络环境中识别和管理该设备。user-manage redirect配置用户认证通过后自动重定向，一般用于用户访问需要认证的网络资源时，认证成功后自动跳转到用户原本请求的页面，提升用户体验。

（2）接口配置。具体操作命令如下：

```
interface GigabitEthernet0/0/1
ip address 1.1.1.1 255.255.255.0
interface GigabitEthernet0/0/2
ip address 10.2.0.1 255.255.255.0
interface GigabitEthernet0/0/3
ip address 10.3.0.1 255.255.255.0
```

这部分配置分别对三个接口进行设置。GigabitEthernet0/0/1接口设置IP地址为1.1.1.1，子网掩码为255.255.255.0，通常用于连接外部网络或特定的网络区域；GigabitEthernet0/0/2接口设置IP地址为10.2.0.1，子网掩码为255.255.255.0，可能用于连接DMZ（隔离区）等特殊区域；GigabitEthernet0/0/3接口设置IP地址为10.3.0.1，子网掩码255.255.255.0，用于连接内部可信网络，为后续的安全策略和访问控制提供基础网络连接。

（3）安全区域划分。具体操作命令如下：

```
firewall zone trust
add interface GigabitEthernet0/0/3
firewall zone untrust
add interface GigabitEthernet0/0/1
firewall zone dmz
add interface GigabitEthernet0/0/2
```

将GigabitEthernet0/0/3接口添加到trust（信任）区域，该区域一般用于连接内部可信任的网络，如企业内部办公网络；将GigabitEthernet0/0/1接口添加到untrust（不信任）区域，通常用于连接外部不可信网络，如互联网；将GigabitEthernet0/0/2接口添加到dmz（隔离区），用于放置对外提供服务的服务器等设备，通过防火墙策略对其进行特殊的访问控制，保障内部网络安全。

（4）AAA与域配置。具体操作命令如下：

```
aaa
domain default
```

```
service-type internetaccess
```

启用AAA（认证、授权和计费）功能，为设备提供完整的用户认证、授权和计费管理。定义默认域，设置服务类型为internetaccess，用于控制用户对网络访问的权限和计费方式等，确保只有合法用户能够访问网络资源。

（5）安全策略与认证策略设置。具体操作命令如下：

```
security-policy
rule name policy_sec_01
source-zone trust
source-address 10.3.0.0 24
destination-zone local
service protocol tcp destination-port 8887
action permit
rule name policy_sec_02
source-zone trust
source-address 10.3.0.0 24
destination-zone untrust
action permit
rule name policy_sec_03
source-zone trust
source-address 10.3.0.0 24
destination-zone dmz
action permit
auth-policy
rule name policy_auth_01
source-zone trust
source-address 10.3.0.0 24
action auth
```

在安全策略方面，policy_sec_01规则允许来自trust区域、10.3.0.0/24网段的TCP流量访问本地端口8887，保障特定内部网络对本地特定服务的访问；policy_sec_02规则允许trust区域、10.3.0.0/24网段的流量访问untrust区域，实现内部网络访问外部网络的功能；policy_sec_03规则允许trust区域、10.3.0.0/24网段的流量访问dmz区域，实现内部网络对隔离区设备的访问。在认证策略方面，policy_auth_01规则对来自trust区域、10.3.0.0/24网段的用户进行认证，只有认证通过的用户才能进行后续的网络访问。

（6）用户和用户组创建。具体操作命令如下：

创建市场部员工对应的组和用户，虽然创建用户/组的配置保存于数据库，不在配置文件体现，但这部分配置对用户管理十分重要。

```
user-manage group /default/research
user-manage group /default/marketing
user-manage user user_0001
alias Tom
parent-group /default/research
password *********
undo multi-ip online enable
user-manage user user_0002
```

```
alias Jack
parent-group /default/marketing
password *********
undo multi-ip online enable
user-manage user guest
parent-group /default
password *********
```

创建了esearch（研发）和marketing（市场）两个用户组，分别用于管理不同部门的用户。创建用户user_0001，别名为Tom，属于research组，设置密码并禁止多IP在线登录；创建用户user_0002，别名为Jack，属于marketing组，同样设置密码并禁止多IP在线登录；还创建了guest用户，属于默认组，设置密码。通过这种用户和用户组的管理方式，方便对不同用户进行权限分配和访问控制。

项目实训——用户管理实战

一、实训描述

某公司在网络中部署了防火墙，为保证网络的安全，该公司将客户使用的主机IP限制在一定的范围内，并要求这些主机在通过用户认证后，才允许访问网络，通过在防火墙配置用户认证，实现上述要求

二、实训步骤

任务配置的操作步骤如下：

（1）配置接口IP地址和安全区域。

（2）配置静态路由。

（3）创建对应的用户。

任务配置的具体操作命令如下：

```
[FW] user-manage user guest                                  # 创建用户
[FW-localuser-user_guest] parent-group /default              # 指定所属用户组
[FW-localuser-user_guest] password Admin@123                 # 指定密码
[FW-localuser-user_guest] quit                               # 退出当前视图
```

（4）设置用户认证通过后自动跳转到先前访问的Web页面。具体操作命令如下：

```
[FW] user-manage redirect     # 认证通过后自动跳转到先前访问的 Web 页面
```

（5）配置认证策略。具体操作命令如下：

```
[FW] auth-policy                                             # 进入认证策略视图
[FW-policy-auth] rule name policy_auth_01                    # 创建规则
[FW-policy-auth-rule-policy_auth_01] source-zone trust
                                                             # 指定条件，源区域
[FW-policy-auth-rule-policy_auth_01] source-address 192.168.1.0 24
                                                             # 源地址
```

```
[FW-policy-auth-rule-policy_auth_01] action auth      # 指定动作，认证
[FW-policy-auth-rule-policy_auth_01] quit             # 退出当前视图
[FW-policy-auth] quit                                 # 退出当前视图
```

（6）配置认证域。具体操作命令如下：

```
[FW] aaa                                    # 进入 aaa 视图
[FW-aaa] domain default                     # 进入域视图
[FW-aaa-domain-default] quit                # 退出当前视图
[FW-aaa] quit                               # 退出当前视图
```

（7）配置安全区域。具体操作命令如下：

①配置允许用户访问认证页面的安全策略。具体操作命令如下：

```
[FW] security-policy                                 # 进入安全策略视图
[FW-policy-security] rule name policy_sec_01         # 创建规则
[FW-policy-security-rule-policy_sec_01] source-zone trust
                                                     # 指定条件，源区域
[FW-policy-security-rule-policy_sec_01] destination-zone local
                                                     # 目的区域
[FW-policy-security-rule-policy_sec_01] service protocol tcp
destination-port 8887                                # 服务
[FW-policy-security-rule-policy_sec_01] action permit  # 指定动作
[FW-policy-security-rule-policy_sec_01] quit         # 退出当前视图
```

②配置用户访问外网的安全策略。具体操作命令如下：

```
[FW-policy-security] rule name policy_sec_02         # 创建规则
[FW-policy-security-rule-policy_sec_02] source-zone trust
                                                     # 指定条件，源区域
[FW-policy-security-rule-policy_sec_02] destination-zone untrust
                                                     # 目的区域
[FW-policy-security-rule-policy_sec_02] action permit  # 指定动作
[FW-policy-security-rule-policy_sec_02] quit         # 退出当前视图
```

③配置用户访问dmz区的安全策略。具体操作命令如下：

```
[FW-policy-security] rule name policy_sec_03         # 创建规则
[FW-policy-security-rule-policy_sec_03] source-zone trust
                                                     # 指定条件，源区域
[FW-policy-security-rule-policy_sec_03] destination-zone dmz
                                                     # 目的区域
[FW-policy-security-rule-policy_sec_03] action permit  # 指定动作
[FW-policy-security-rule-policy_sec_03] quit         # 退出当前视图
[FW-policy-security] quit                            # 退出当前视图
```

三、实训验证

（1）通过桥接到192.168.1.0/24段的物理终端，访问dmz区的服务器，就会自动跳转到认证页面。跳转及认证界面如图3.6所示。

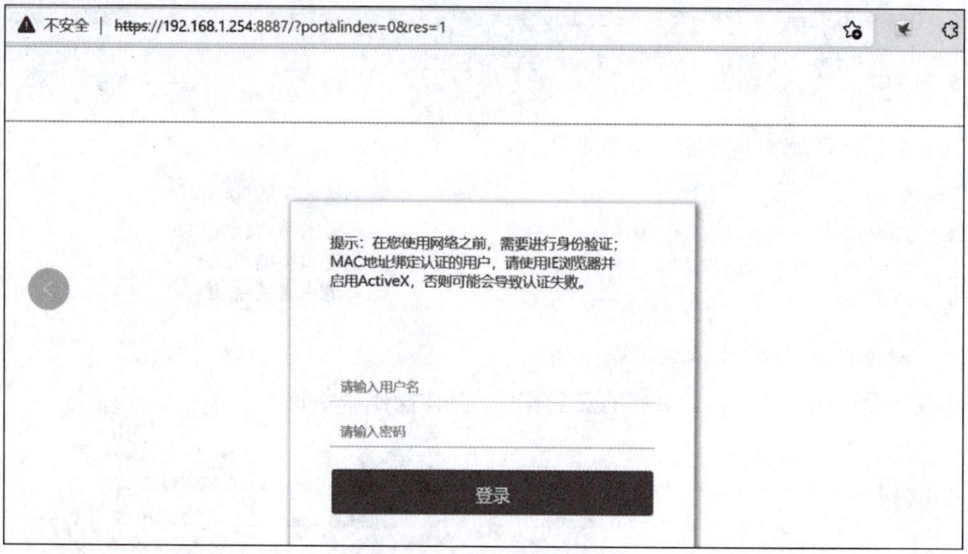

图3.6　跳转及认证界面

（2）登录认证成功后（见图3.7），在防火墙上检查在线用户。具体操作命令如下：

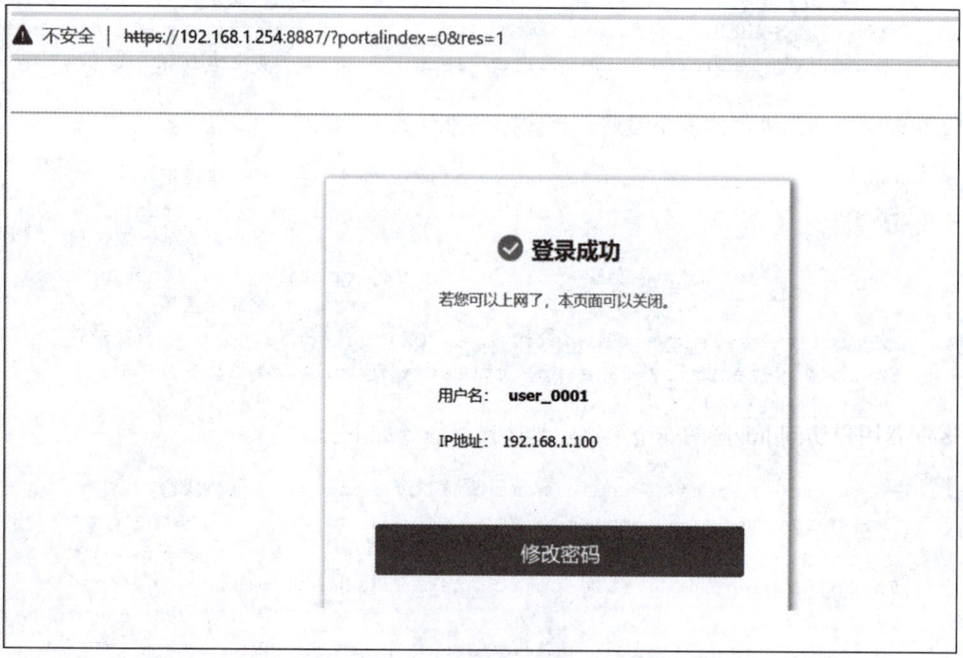

图3.7　登录成功界面图

```
<f1>dis user-manage online-user verbose    #显示在线用户详细信息。
```

小　结

本项目聚焦用户认证及AAA技术。AAA技术是身份认证、授权和计费技术的统称，英文缩写源于authentication、authorization和accounting。其原理包含三部分：

（1）身份认证：AAA服务器验证用户提供的身份信息（如用户名和密码），方式多样，包括基于用户名和密码、数字证书、双因素认证等。

（2）授权：用户身份认证通过后，AAA服务器依据其权限和角色，决定用户对特定资源的访问权限或操作许可，常见方式有基于角色、策略的访问控制。

（3）计费：AAA服务器对用户访问行为进行计费和统计，计费依据包括时间、流量、带宽等，具体取决于服务器和应用场景。

AAA技术常作为服务供网络设备、VPN、无线网络等使用。使用时需要合理配置和管理，保障系统安全可靠。

习　题

1. 以下（　　）选项不属于AAA。

   A. 认证　　B. 授权　　C. 计费　　D. 管理

2. AD单点登录主要有（　　）三种登录实现方式。

   A. 接受PC消息模式　　B. 查询AD服务器安全日志模式

   C. 防火墙监控AD认证报文　　D. PC直接登录

项目四

企业分支机构互联的安全规划——VPN技术

项目导入

小张是某企业信息管理员，该工程公司业务基本围绕着5、6个项目部进行，随着公司规模的快速扩展，在公司总部应用了各类应用系统。作为工程公司，设备、材料、计划、财务、工程、质量等分别建立了计算机设计和管理系统，分别设置有工程部、设计室、财务部、质检部、物资部、总经办等部门进行归口管理，在总部实现了信息系统的集中化处理。

各个项目部基本是在与总部不同的地点作业，而且地点周期性地变化。各个项目部是一个缩小的公司，各方面必须与总部沟通和联系，总公司与各个项目部之间信息的传达、汇总和审查监督很重要。

建立VPN系统前数据传递一般通过拨号服务器、电子邮件和Web服务器来完成，效率低下、系统管理繁杂、安全程度低，出现过敏感财务信息传递中丢失的情况，OA（office automation，办公自动化）和计算机管理系统无法真正得到利用。公司希望将总公司和各个项目部通过网络连接起来，使得数据操作人员可以随时连接和操作公司数据库，实现各种应用系统数据传递和整合。

使用专线将各个项目部连接起来是一个方案，但成本高，而且随着地点的变化还需要重新架设。项目部经常会在客户场地工作，通常也可以利用客户单位网络接入互联网，但存在安全问题。

内联网形式的VPN圆满地解决了上述问题，它将总部与各地项目部连接在一起，成为一个可控制的LAN（局域网），为各种应用构建起一个基础网络。

项目目标

（1）了解密码学的概念。

（2）了解L2TP VPN的概念及应用。

（3）了解GRE VPN的概念及应用。

（4）了解IPSec VPN的概念及应用。

（5）了解SSL VPN的概念及应用。

（6）掌握L2TP VPN、GRE VPN和IPSec VPN的配置方案。

知识储备

一、密码学概述及发展历程

密码学是研究如何隐密地传递信息的学科。在现代特别指对信息以及其传输的数学性研究，常被认为是数学和计算机科学的分支，与信息论密切相关。著名的密码学者Ron Rivest解释道："密码学是关于如何在敌人存在的环境中通信"，从工程学的角度，这相当于密码学与纯数学的异同。密码学是信息安全等相关议题，如认证、访问控制的核心。密码学的首要目的是隐藏信息的含义，并不是隐藏信息的存在。密码学也促进了计算机科学，特别是计算机与网络安全所使用的技术，如访问控制与信息的机密性。密码学已被应用在日常生活，包括自动柜员机的芯片卡、计算机使用者存取密码、电子商务等。

密码是通信双方按约定的法则进行信息特殊变换的一种重要保密手段。依照这些法则，变明文为密文，称为加密变换；变密文为明文，称为脱密变换。密码在早期仅对文字或数码进行加密、脱密变换，随着通信技术的发展，对语音、图像、数据等都可实施加密、脱密变换。

密码学的发展历程可分为三个阶段：古典密码、近代密码与现代密码。

密码学是在编码与破译的斗争实践中逐步发展起来的，并随着先进科学技术的应用，已成为一门综合性的尖端技术科学。它与语言学、数学、电子学、声学、信息论、计算机科学等有着广泛而密切的联系。它的现实研究成果，特别是各国政府现用的密码编制及破译手段都具有高度的机密性。

二、密码体制与常见术语

进行明密变换的法则，称为密码的体制。指示这种变换的参数，称为密钥。它们是密码编制的重要组成部分。

密码体制的基本类型可以分为四种，既可单独使用，也可混合使用，以编制出各种复杂度很高的实用密码。四种密码体制如下：

（1）错乱：按照规定的图形和线路，改变明文字母或数码等的位置成为密文。

（2）代替：用一个或多个代替表将明文字母或数码等代替为密文。

（3）密本：用预先编定的字母或数字密码组，代替一定的词组单词等变明文为密文。

（4）加乱：用有限元素组成的一串序列作为乱数，按规定的算法，同明文序列相结合变成密文。

20世纪70年代以来，一些学者提出了公开密钥体制，即运用单向函数的数学原理，以实现加密、脱密密钥的分离。加密密钥是公开的，脱密密钥是保密的。这种新的密码体制，引起了密码学界的广泛注意和探讨。

在密码学中，还有一些常用术语：

（1）密钥：分为加密密钥和解密密钥。

（2）明文：没有进行加密，能够直接代表原文含义的信息。

（3）密文：经过加密处理之后，隐藏原文含义的信息。

（4）加密：将明文转换成密文的实施过程。

（5）脱密：将密文转换成明文的实施过程。

常见术语间的关系如图4.1所示。

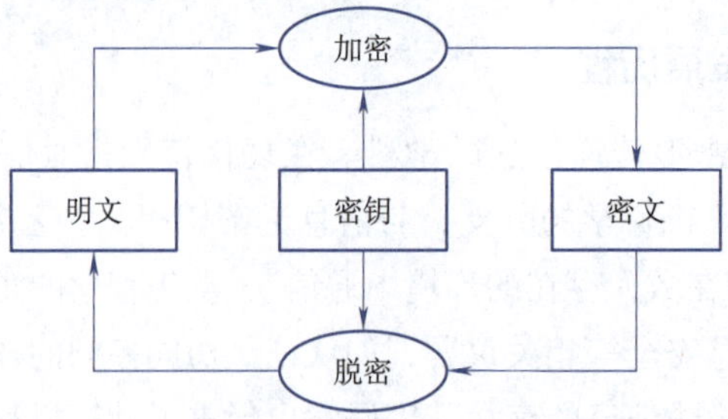

图4.1 密码学常见术语间的关系

三、加密算法

常见的加密算法分为对称加密算法和非对称加密算法两类。

1. 对称加密算法

对称加密算法又称传统密码算法，其显著特征是加密算法与脱密算法使用相同密钥，或从一个密钥容易推导出另一个。该算法主要用于保护数据的机密性，防止被窃听泄密。例如，在Alice和Bob的通信场景中，他们事先共享密钥k，Alice用k加密明文消息m得到密文c后发给Bob，Bob再用k解密c得到m，如图4.2所示。

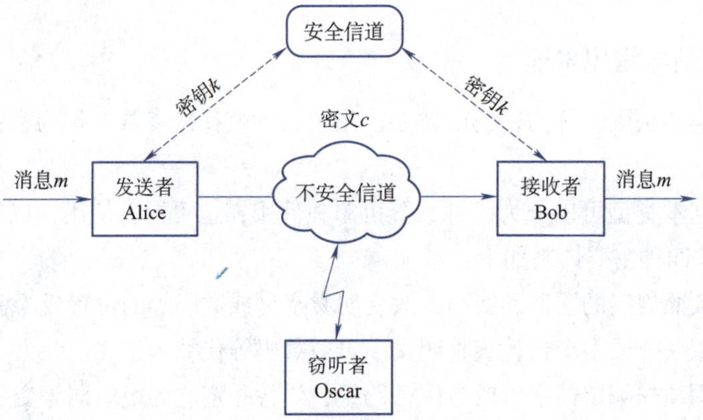

图4.2 加密算法示例

在图4.2中，窃听者Oscar可能进行窃听、破译等攻击。这对加密算法提出了强度上的要求。可以看出，如果Oscar拥有了密钥，就可以实现任何想进行的攻击。在对称加密系统中，密钥的管理者扮演着非常重要的角色。

对称加密算法具有算法公开、计算量小、加密速度快、加密效率高等优点。不过，它也存在明显不足，交易双方使用相同密钥，安全性难以保障；每对用户每次使用都需要唯一密钥，导致密钥数量呈几何级数增长，密钥管理成为难题，在分布式网络系统中使用困难且成本高；与公开密钥加密算法相比，虽能提供加密和认证，但缺乏签名功能，应用范围受限。其安全性依赖加密密钥的妥善保存，一旦密钥泄露，信息安全将受到严重威胁。

2. 非对称加密算法

非对称加密算法是一种密钥保密方法，需要公开密钥（公钥）和私有密钥（私钥）这一对密钥。若用公钥对数据加密，只有对应的私钥能解密，正因加密和解密使用不同密钥，故而得名。其实现机密信息交换的过程为：甲方生成密钥对并公开公钥，乙方用甲方公钥加密机密信息发给甲方，甲方用私钥解密；甲方回复时用乙方公钥加密，乙方用私钥解密。此外，甲方还能用私钥对机密信息签名后发给乙方，乙方用甲方公钥验签。

非对称加密算法保密性良好，无须用户交换密钥。但它也存在算法强度复杂、加密解密速度比对称加密慢的问题。非对称密钥体制有两种密钥，其中公钥公开，相比对称密码体制，在密钥传输安全性上有很大提升。

四、密码学应用

1. 数字信封、数字签名和数字证书应用

密码学的应用主要体现在数字信封、数字签名和数字证书方面。数字信封结合对称和非对称加密，保障数据传输的机密性；数字签名采用散列算法，确保数据传输的完整性；数字证书通过第三方机构（CA）对公钥进行公证，实现数据传输的不可否认性。

数字签名方案由签名算法和验证算法构成，签名密钥是私钥，验证密钥是公钥，主要用于实现抗抵赖、消息鉴别和身份识别。

2. 网络应用场景中的应用

在实际网络应用中，这些密码学技术有着广泛应用。VPN技术常利用加密、解密技术保证数据机密性，如IPSec VPN、SSL VPN；在IPv6中，为防止设备被冒充，可配置SEND（安全邻居发现）路由器授权功能，借助数字证书技术选用合法网关设备；HTTPS登录时，管理员通过HTTPS方式登录Web界面，设备指定CA颁发的本地证书，可提高SSL（安全套接层）连接安全性，保障安全登录；系统登录授权时，对用户密码运用摘要算法进行处理后存放，用户登录时进行比对授权。其中，VPN是密码学应用的主要场景。

五、VPN技术详解

1. VPN概述

虚拟专用网（virtual private network，VPN）是通过共享的公共网络建立私有的数据通道，将需要接入的网络或终端连接起来，形成具有安全性和服务质量保证的专用网络。它具有“虚拟”和“专用网络”两大特点，用户无须实际专用长途数据线路，而是利用Internet建立私有网络，还能根据自身需求定制网络。

传统VPN组网主要有专线VPN和基于客户端设备的加密VPN两种方式。专线VPN租用数字数据网（DDN）电路、ATM（异步传输模式）永久性虚电路（PVC）、帧中继（FR）PVC等组建二层VPN网络，由电信运营商维护骨干网络，客户管理自身站点和路由，成本高且扩展性差；基于客户端设备的加密VPN由客户端设备实现VPN功能，成员间通过非信任公网互联，对用户端设备及人员要求较高。

IETF（因特网工程任务组）草案将基于IP的VPN理解为“使用IP机制仿真出一个私有的广

域网”，即通过隧道技术在公共数据网络上模拟点到点专线技术。随着IP数据通信技术的发展，基于IP的VPN技术成为市场主流，因其成本低、服务质量能满足需求、可扩展性和可管理性好，受到用户和运营商的青睐。

2. VPN技术分类

VPN技术大体分为三层和二层。

（1）L3VPN：三层VPN技术工作在协议栈的网络层，以IPSec VPN技术为例，其报头与IP报头处于同一层次，封装报文时采用IPinIP方式或IPSec报头与IP报头同时对数据载荷进行封装。除IPSec VPN外，主要的三层VPN技术还有GRE VPN，GRE VPN产生时间早，实现机制简单，能实现任意网络协议在另一种网络协议上的封装，但与IPSec相比，安全性不足，仅提供有限简单安全机制。

（2）L2VPN：二层VPN技术工作在协议栈的数据链路层，主要包括点到点隧道协议（point-to-point tunneling protocol，PPTP）、二层转发协议（layer 2 forwarding，L2F）以及二层隧道协议（layer 2 tunneling protocol,L2TP）。

3. VPN连接类型及可用技术

（1）Site-to-Site VPN：用于两个局域网之间建立连接，可采用的VPN技术有IPSec、L2TP、L2TP over IPSec、GRE over IPSec、IPSec over GRE。

（2）Client-to-Site VPN：用于客户端与企业内网之间建立连接，可采用的VPN技术有SSL、IPSec、L2TP、L2TP over IPSec。

任务一　认识 L2TP VPN

在深入学习用户认证管理，搭建起安全高效的用户认证体系后，聚焦到企业网络架构中的另一关键环节——企业分支机构互联的安全规划。随着企业规模的扩张，分支机构之间的通信需求日益增长，保障这些通信的安全与稳定至关重要，而VPN技术则是实现这一目标的核心手段。在本任务中，首先将了解L2TP VPN的基本概念，知晓其在二层网络中的工作原理与独特优势；接着探讨L2TP VPN的主要用途，明确它在企业实际运营中解决的网络连接问题；然后深入剖析L2TP隧道的呼叫建立流程及L2TP VPN组网流程，掌握从建立连接到构建完整网络的步骤；最后，通过任务实践在Client-Initialized方式L2TP应用场景中进行VPN典型应用场景配置，将理论知识转化为实际操作，切实掌握L2VPN在企业分支机构互联中的应用技巧。

一、L2TP VPN介绍

L2TP（layer two tunneling protocol）二层隧道协议，为在用户和企业的服务器之间透明传输PPP报文而设置的隧道协议。提供了对PPP链路层数据包的通道（tunnel）传输支持。

L2TP VPN主要有三种使用场景：

（1）NAS-Initiated VPN：这是一种特定的网络接入服务器发起的VPN场景，适用于特定的网络架构和业务需求。

（2）LAC自动拨号：通过特定的链路接入集中器（LAC）实现自动拨号功能，以建立VPN连接，常用于一些需要自动化连接的网络环境。

（3）Client-Initiated VPN：这种场景一般用于出差员工使用PC、手机等移动设备接入总部服务器，实现移动办公。它是最为常用的拨号方式，方便员工在外出时能够便捷地访问企业内部资源。

二、L2TP VPN主要用途

L2TP VPN主要为企业驻外机构和出差人员提供服务，可以从远程经由公共网络，通过虚拟隧道实现与企业总部之间的网络连接。

在Client-Initiated VPN场景中，每个接入用户和LNS（L2TP网络服务器）之间均建立一条隧道，并且每条隧道中仅承载一条L2TP会话和PPP连接。

三、L2TP隧道的呼叫建立流程

（1）当接入用户拨号到LNS时，首先会触发接入用户和LNS之间建立L2TP隧道，这是整个连接过程的基础。

（2）L2TP隧道建立成功后，在隧道基础上建立L2TP会话，为后续的数据传输做准备。

（3）LNS对用户进行认证，确保接入用户的合法性和安全性。

（4）用户与LNS之间建立PPP连接，实现数据链路层的通信。

（5）用户在PPP连接基础上，通过LNS访问内网资源，完成整个网络接入和资源访问流程。

四、L2TP VPN组网流程

L2TP VPN组网流程如图4.3所示。

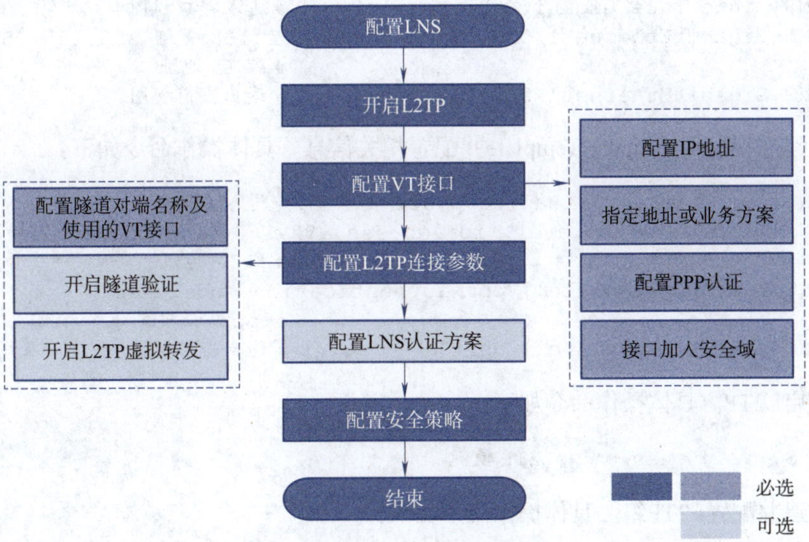

图4.3　L2TP VPN组网流程

任务实践 4-1 VPN典型应用场景配置——Client-Initialized方式L2TP应用场景

1. 实践目的

掌握基于Client-Initialized方式建立本地认证的L2TP的配置方法。

2. 组网设备

USG防火墙1台、服务器1台、PC 1台。

3. 实践拓扑

实践拓扑结构如图4.4所示。

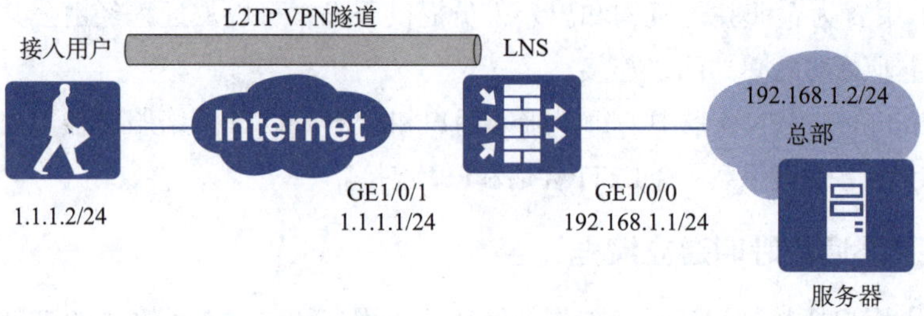

图4.4　实践拓扑图

4. 实践步骤-CLI

（1）配置LNS端，设置接口IP地址并配置域间包过滤策略。具体操作命令如下：

```
<USG> system-view                             # 进入系统视图
[USG] sysname LNS                             # 修改设备名称
[LNS] interface GigabitEthernet 1/0/1         # 进入接口视图
[LNS-GigabitEthernet1/0/1] ip address 1.1.1.1 255.255.255.0
                                              # 配置 IP 地址
[LNS-GigabitEthernetl/0/1] quit               # 退出当前视图
[LNS] interface GigabitEthernet 1/0/0         # 进入接口视图
[LNS-GigabitEthernetl/0/0] ip address 192.168.1.1 255.255.255.0
                                              # 配 IP 地址
[LNS-GigabitEthernetl/0/0] quit               # 退出当前视图
```

（2）创建虚拟模板Virtual—Template并配置相关信息。具体操作命令如下：

```
[LNS] interface virtual-template 1            # 进入虚模板接口视图
[LNS—Virtual—Templatel] ip address 192.168.0.1 255.255.255.0
                                              # 配 IP 地址
[LNS-Virtual-Templatel] ppp authentication-mode chap
                                              #ppp 认证模式
[LNS-Virtual-Templatel] quit                  # 退出当前视图
```

（3）开启L2TP。具体操作命令如下：

```
[LNS] 12tp enable   #L2TP 使能
```

（4）创建并配置L2TP组。具体操作命令如下：

```
[LNS] 12tp-group 1                            # 创建 L2TP 组
[LNS-12tpl] tunnel name LNS                   # 指定隧道名称
[LNS-12tpl] allow 12tp virtual-template 1 remote clientl
                                              #L2TP 使用的通道对端名字和虚模板
[LNS-12tpl] tunnel authentication             # 使能 L2TP 隧道验证
[LNS-12tpl] tunnel password cipher Huawei@123
                                              #L2TP 隧道的验证密码
```

（5）配置给用户分配的地址池，并设置用户名及密码（应与出差员工侧的设置一致）。具体操作命令如下：

```
[LNS] user-manage user vpdnuser                     # 创建用户
[LNSTocaluser-pcl] password Admin@123               # 指定密码
[LNSTocaluser-pcl] parent-group /default            # 指定用户组
[LNS]aaa                                            # 进入 aaa 视图
[LNS-aaa] domain default                            # 进入域视图
[LNS-aaa-domian-default] quit                       # 退出当前视图
```

（6）配置为对端接口分配IP地址池中的地址。具体操作命令如下：

```
[LNS] interface virtual-template 1                  # 进入虚模板接口视图
[LNS-Virtual—Templatel] remote address 192.168.0.2
                                                    # 指定远程用户 IP 地址
[LNS-Virtual—Templatel] quit                        # 退出当前视图
```

（7）将接口加入安全区域，并配置域间包过滤。具体操作命令如下：

```
[LNS]firewall zone trust                            # 防火墙可信区域
[LNS-zone-trust]add interface GigabitEthernet 1/0/0
                                                    # 将接口加入安全区域
[LNS-zone-trust]add interface virtual-template 1
                                                    # 将虚模板接口加入安全区域
[LNS-zone-trust]quit                                # 退出当前视图
[LNS]firewall zone untrust                          # 防火墙非可信区域
[LNS-zone-untrust]add interface GigabitEthernet 1/0/1
                                                    # 将接口加入区域
[LNS-zone-untrust]quit                              # 退出当前视图
[LNS]security-policy                                # 进入安全策略视图
[LNS-policy-security]rule name trust_untrust        # 创建规则
[LNS-policy-security-rule-trust_untrust]source-zone trust
                                                    # 指定条件，源区域
[LNS-policy-security-rule-trust_untrust]destination-zone untrust
                                                    # 目的区域
[LNS-policy-security-rule-trust_untrust]source-address 192.168.1.0 24
                                                    # 源地址
[LNS-policy-security-rule-trust_untrust]action permit
                                                    # 指定动作
[LNS-policy-security-rule-trust_untrust]quit        # 退出当前视图
[LNS-policy-security]rule name untrust_trust        # 创建规则
[LNS-policy-security-rule-untrust_trust]source-zone untrust
                                                    # 指定条件，源区域
[LNS-policy-security-rule-untrust_trust]destination-zone trust
                                                    # 目的区域
[LNS-policy-security-rule-untrust_trust]destination-address
192.168.1.0 24                                      # 目的地址
[LNS-policy-security-rule-untrust_trust]action permit
                                                    # 指定动作
[LNS-policy-security-rule-untrust_trust]quit        # 退出当前视图
[LNS-policy-security]rule name local_untrust        # 创建规则
[LNS-policy-security-rule-local_untrust]source-zone local
                                                    # 指定条件，源区域
[LNS-policy-security-rule-local_untrust]destination-zone untrust
                                                    # 目的区域
[LNS-policy-security-rule-local_untrust]source-address 1.1.1.1 24
                                                    # 源地址
[LNS-policy-security-rule-local_untrust] action permit
```

```
                                                   # 指定动作
[LNS-policy-security-rule-local_untrust]quit  # 退出当前视图
[LNS-policy-security]rule name untrust_local  # 创建规则
[LNS-policy-security-rule-untrust_local]source-zone untrust
                                                   # 指定条件，源地址
[LNS-policy-security-rule-untrust_local]destination-zone local
                                                   # 目的区域
[LNS-policy-security-rule-untrust_local]destination-addressl.1.1.1 24
                                                   # 目的地址
[LNS-policy-security-rule-untrust_local] action permit
                                                   # 指定动作
[LNS-policy-security-rule-untrust_local]quit  # 退出当前视图
```

（8）配置LAC客户端。在LAC主机上安装华为Secoway VPN Client，单击“新建”按钮创建一个新的连接，选中“通过输入参数创建连接”单选按钮，单击“下一步”按钮，如图4.5所示。

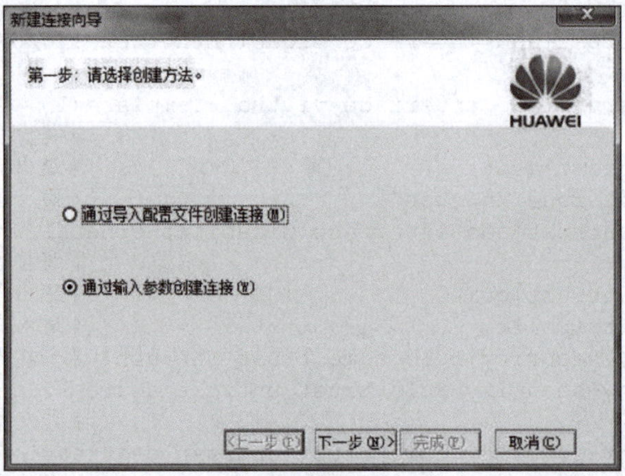

图4.5　客户端安装

（9）输入服务器地址，即LNS端地址，用户名/密码（vpdnuser/Admin@123），完成后单击“下一步”按钮。如图4.6所示。

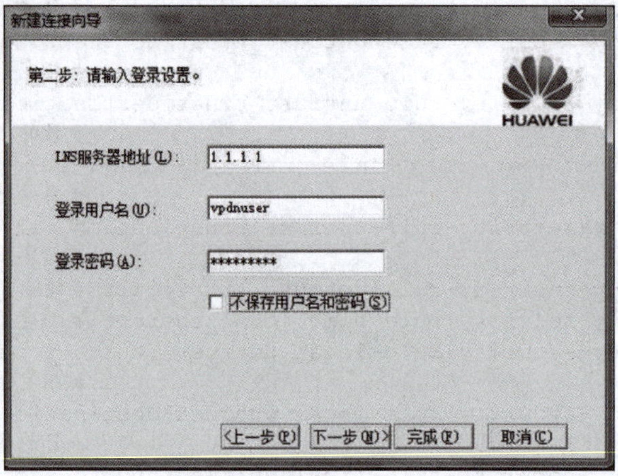

图4.6　客户端配置（一）

（10）输入隧道名称（clientl）和认证模式（CHAP），选中“启用隧道验证功能”复选框，并输入隧道验证密码（Huawei@123），单击“完成”按钮，如图4.7所示。

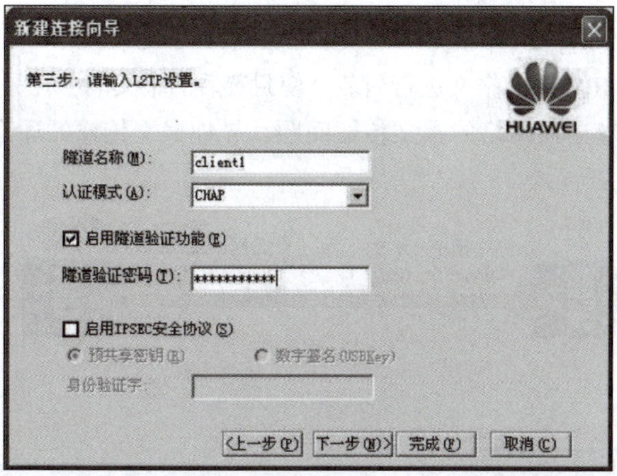

图4.7　客户端配置（二）

（11）单击创建好的L2TP连接，单击“连接按钮”，如图4.8所示。

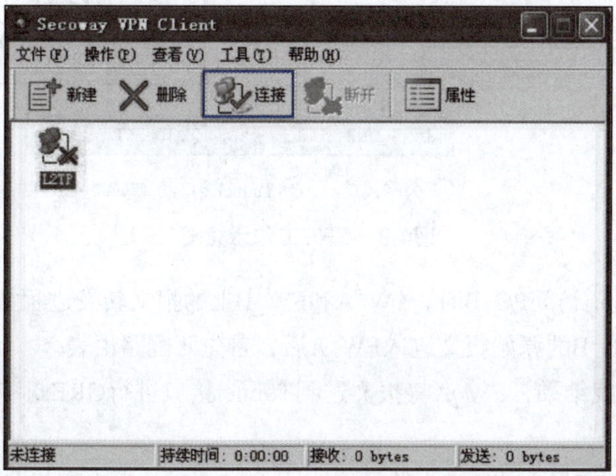

图4.8　客户端配置（三）

任务二　认识 L3VPN

完成对L2VPN的学习，掌握其在二层网络连接中的应用后，继续拓展对VPN技术的认知，认识L3VPN。在三层网络环境下，网络互联的需求更为复杂多样，不同类型的VPN技术应运而生。这里先从GRE VPN介绍开始，了解其如何通过封装技术实现网络层的互联互通。接着深入学习IPSEC VPN，掌握其在保障数据传输安全方面的加密与认证机制。同时，了解IKE SA这一在IPSEC VPN中负责密钥交换与安全联盟建立的关键概念。然后，简要介绍SSL VPN，认识它在远程访问场景中的独特优势。最后，通过任务实践，分别在GRE VPN应用场景和IPSEC VPN应用场景中进行VPN典型应用场景配置，进一步深化对L3VPN技术的理解与运用，为企业分支机构在三层网络架构下实现安全、稳定的互联提供技术支撑。

一、GRE VPN介绍

GRE（general routing encapsulation）是一种三层VPN封装技术，可以对某些网络层协议（如IPX、Apple Talk、IP等）的报文进行封装，使封装后的报文能够在另一种网络中（如IPv4）传输，从而解决了跨越异种网络的报文传输问题。异种报文传输的通道称为隧道（tunnel）。GRE工作示意图如图4.9所示。

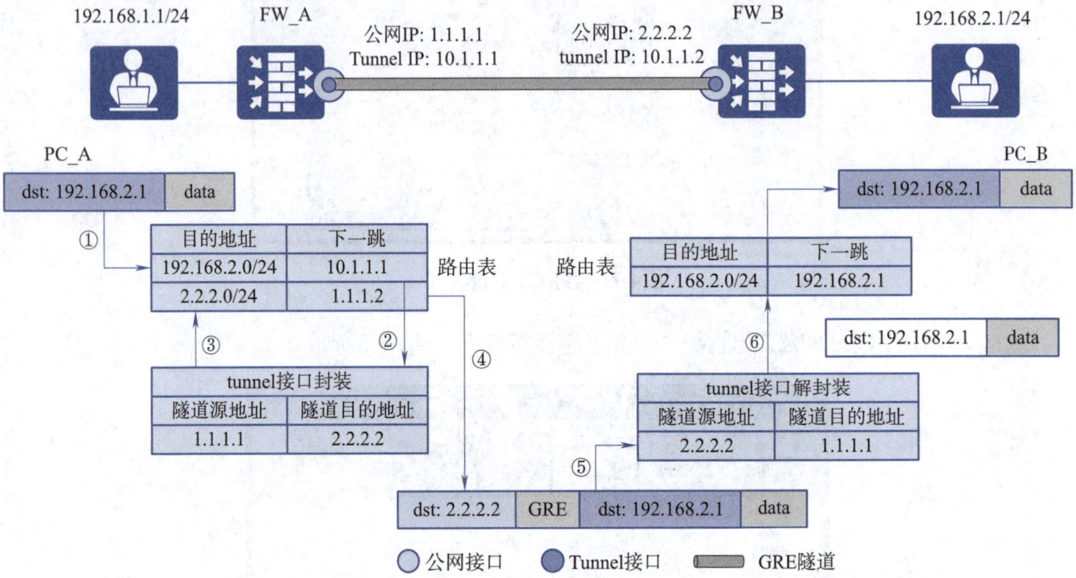

图4.9　GRE工作示意图

PC_A通过GRE隧道访问PC_B时，FW_A和FW_B上的报文转发过程如下：

（1）PC_A访问PC_B的原始报文进入FW_A后，首先匹配路由表。

（2）根据路由查找结果，FW_A将报文送到Tunnel接口进行GRE封装，增加GRE头，外层加新IP头。

（3）FW_A根据GRE报文的新IP头的目的地址（2.2.2.2），再次查找路由表。

（4）FW_A根据路由查找结果转发报文。

（5）FW_B收到GRE报文后，首先判断这个报文是否为GRE报文。封装后的GRE报文会有个新的IP头，其中有个Protocol（协议）字段，字段中标识了内层协议类型，如果这个Protocol字段值是47，就表示这个报文是GRE报文。如果是GRE报文，FW_B则将该报文送到Tunnel接口解封装，去掉新的IP头、GRE头，恢复为原始报文；如果不是GRE报文，则报文按照普通报文进行处理。

（6）FW_B根据原始报文的目的地址再次查找路由表，然后根据路由匹配结果转发报文。

1. GRE VPN的安全策略

PC_A发出的原始报文进入Tunnel接口这个过程中，报文经过的安全域间是trust→DMZ；原始报文被GRE封装后，FW_A在转发这个报文时，报文经过的安全域间是local→untrust，如图4.10所示。

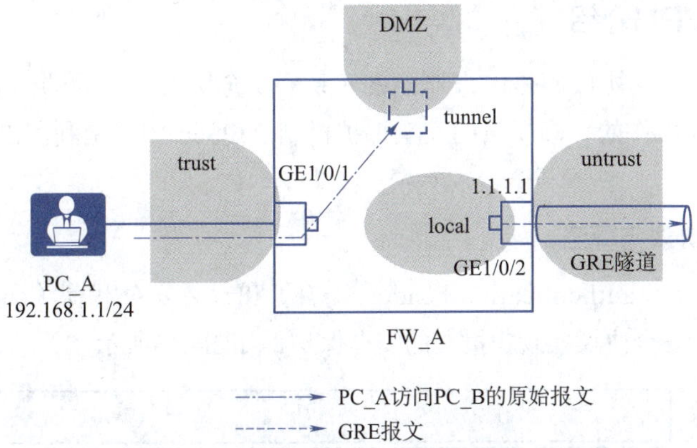

图4.10　GRE安全策略1

当报文到达FW_B时，FW_B会进行解封装。在此过程中，报文经过的安全域间是untrust→local；GRE报文被解封装后，FW_B在转发原始报文时，报文经过的安全域间是DMZ→trust，如图4.11所示。

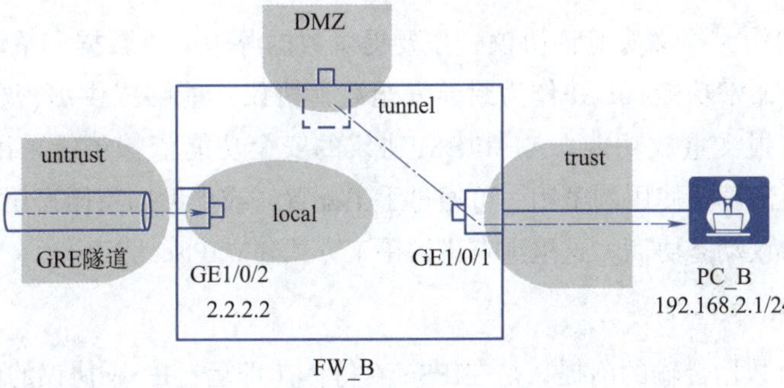

图4.11　GRE安全策略2

2. 组网流程图

GRE组网流程如图4.12所示。

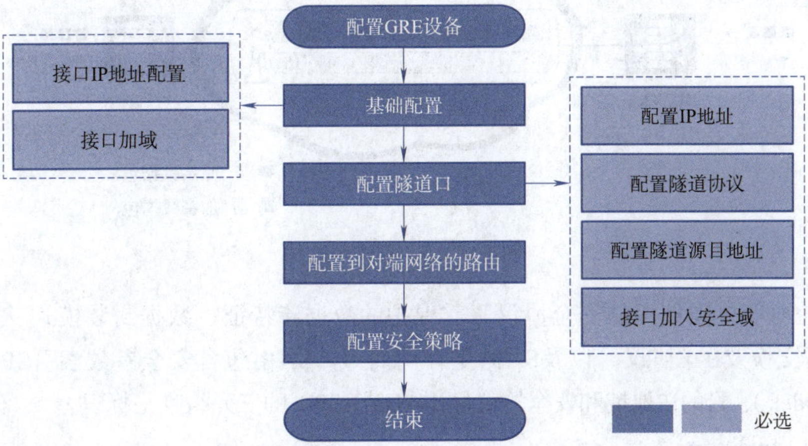

图4.12　GRE组网流程图

二、IPSec VPN介绍

IPSec（IP security）协议族是IETF制定的一系列安全协议，它为端到端IP报文交互提供了基于密码学的、可互操作的、高质量的安全保护机制。IPSec VPN是利用IPSec隧道建立的网络层VPN。

1. IPSEC安全协议与算法

IPSec通过验证头（authentication header，AH）和封装安全载荷（encapsulating security payload，ESP）两个安全协议实现IP报文的安全保护，如图4.13所示。

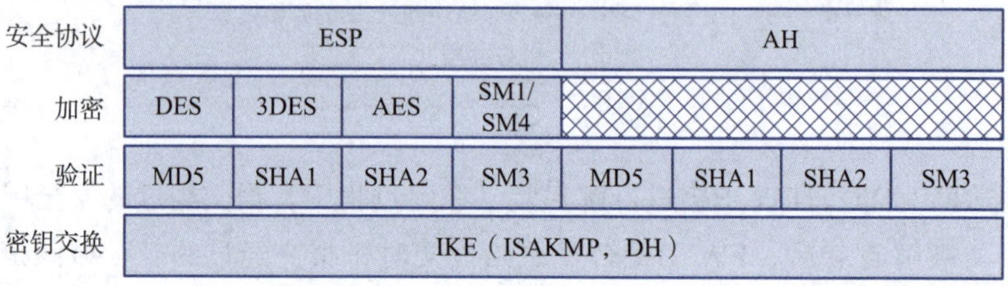

图4.13　IPSec协议

图4.13中，AH作为报文头验证协议，主要提供数据源验证、数据完整性验证和防报文重放功能，但不具备加密功能；ESP作为封装安全载荷协议，能够提供加密、数据源验证、数据完整性验证和防报文重放功能。AH和ESP协议的安全功能依赖于所采用的验证、加密算法。IPSec加密和验证算法使用的密钥，可通过手工配置，或借助因特网密钥交换（internet key exchange，IKE）协议动态协商。这里重点讲解手工方式建立IPSec隧道。

2. 安全联盟SA

IPSec实现安全数据传输的前提，是在IPSec对等体（即运行IPSec协议的两个端点）之间成功建立安全联盟（security association，SA）。SA是通信的IPSec对等体间对诸多要素的约定，如图4.14所示。

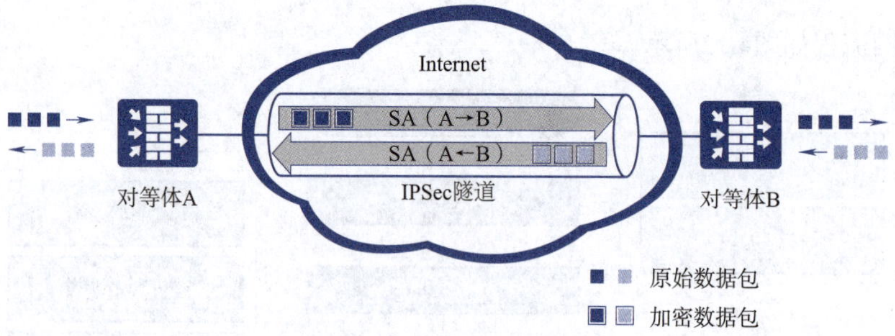

图4.14　SA工作示意图

SA涵盖对等体间使用的安全协议、需保护的数据流特征、数据封装模式、加密与验证算法、密钥交换及IKE协议，以及SA的生存周期等。SA由包含安全参数索引SPI（Security Parameter Index）、目的IP地址和安全协议号（AH或ESP）的三元组唯一标识。

3. IPSec封装模式

IPSec封装分为传输模式和隧道模式两种：

（1）传输模式：在传输模式中，AH头或ESP头插入IP头与传输层协议头之间，以此保护TCP/UDP/ICMP负载，如图4.15所示。由于该模式不改变报文头，隧道的源和目的地址需与IP报文头中的源和目的地址一致，因此仅适用于两台主机或一台主机和一台VPN网关之间的通信。

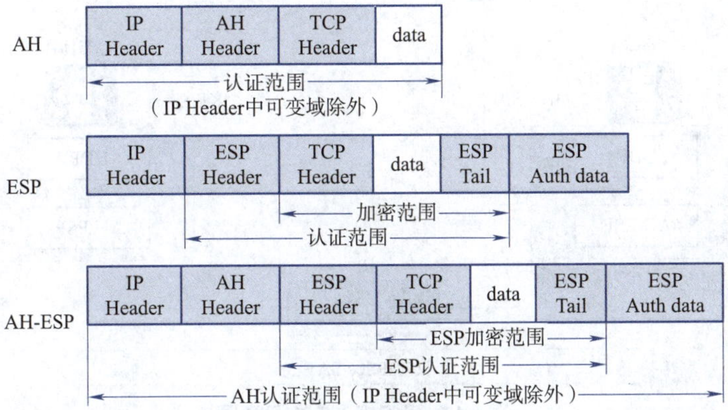

图4.15　传输模式工作示意图

（2）隧道模式：在隧道模式下，AH头或ESP头置于原始IP头之前，同时生成一个新的报文头放在AH头或ESP头之前，实现对IP头和负载的保护，如图4.16所示。隧道模式主要应用于两台VPN网关之间，或一台主机与一台VPN网关之间的通信。

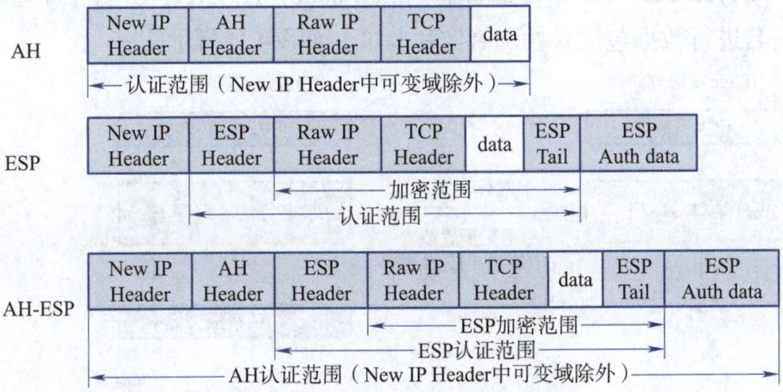

图4.16　隧道模式工作示意图

传输模式和隧道模式的区别在于：

（1）从安全性来讲，隧道模式优于传输模式，它可以完全对原始IP数据报进行验证和加密。隧道模式下可以隐藏内部IP地址，协议类型和端口。

（2）从性能来讲，隧道模式因为有一个额外的IP头，所以它将比传输模式占用更多带宽。

三、IKE SA介绍

IKE SA是为IPSec SA服务的，为IPSec提供了自动协商密钥、建立IPSec安全联盟的服务。

因特网密钥交换（Internet key exchange，IKE）协议建立在Internet安全联盟和密钥管理协议ISAKMP定义的框架上，是基于UDP的应用层协议，可为数据加密提供所需的密钥，能够简化IPSec的使用和管理，大幅简化了IPSec的配置和维护工作。

对等体之间建立一个IKE SA完成身份验证和密钥信息交换后，在IKE SA的保护下，根据配置的AH/ESP安全协议等参数协商出一对IPSec SA。此后，对等体间的数据将在IPSec隧道中加密传输，如图4.17所示。

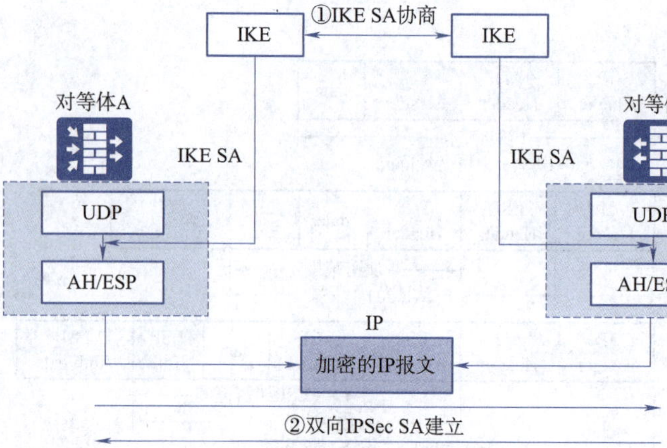

图4.17　IKE SA工作示意图

1. IPSec加解密及验证过程

（1）IPSec采用对称加密算法对数据进行加密和解密。

（2）验证指IP通信的接收方确认数据发送方的真实身份以及数据在传输过程中是否遭篡改。

IPSec采用（keyed-hash message authentication code，HMAC）功能进行验证。HMAC功能通过比较数字签名进行数据包完整性和真实性验证，如图4.18所示。

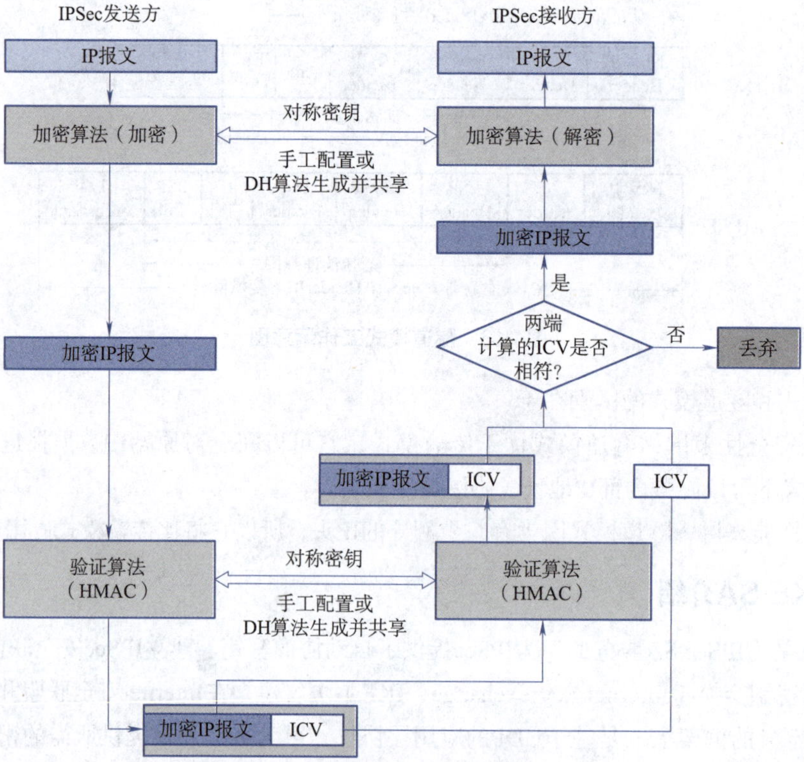

图4.18　IPSec加解密及验证过程

2. 组网流程图

组网流程如图4.19所示。

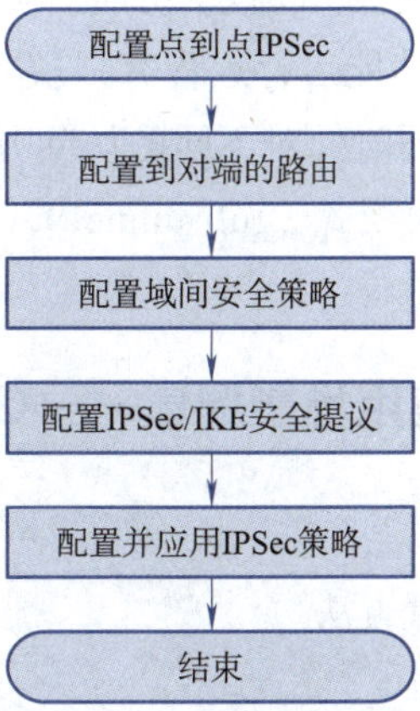

图4.19 组网流程图

四、SSL VPN简介

SSL是一个安全协议，为基于TCP的应用层协议提供安全连接，如图4.20所示。

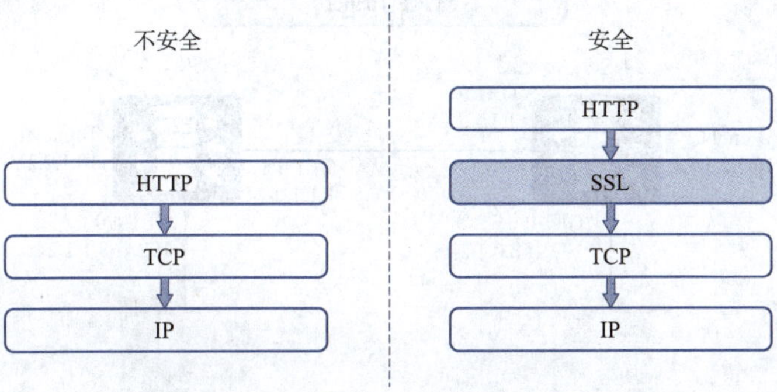

图4.20 SSL协议示意图

IPSec可以通过加密实现数据的安全传输，但是IPSec的加密和验证功能在一些特殊场景下是存在问题的，例如NAT穿越场景。而SSL VPN因其特有的属性，加密只对应用层生效，且不需要用户安装专门的VPN客户端，因而适用范围更广、更便捷。

SSL可以为HTTP协议提供安全连接，广泛应用于电子商务、网上银行等领域，为网络上数据的传输提供安全性保证。

SSL主要功能包括：

（1）用户认证：指虚拟网关对客户端身份进行验证。

（2）Web代理：实现了无客户端的页面访问，充分体现了SSL VPN的易用性，是SSL VPN区别于其他VPN的一个重要功能。它将远端浏览器的页面请求（采用HTTPS协议）转发给Web服务器，然后将服务器的响应回传给终端用户，提供细致到URL的权限控制，即可控制到用户对某一张具体页面的访问。Web代理按照实现方式的不同分为Web改写和Web link两种。

（3）文件共享：将不同的系统服务器（如支持SMB协议的Windows系统，支持NFS协议的

Linux系统）的共享资源以网页的形式提供给用户访问。支持SMB协议（Windows）和NFS协议（LINUX）文件协议。

（4）端口转发：用于C/S等不能使用Web技术访问的应用。

（5）网络扩展：使用网络扩展功能后，远程客户端将获得内网IP地址，就像处于内网一样，可以随意访问任意内网资源。同时针对不同的访问方式，具备不同的Internet和本地子网访问权限。不同的访问方式有全路由模式（full tunnel）、分离模式（split tunnel）和手动模式（manual tunnel）。

任务实践 4-2 VPN典型应用场景配置——GRE VPN应用场景

1. 实践目的

掌握GRE VPN的应用场景及配置方法。

2. 组网设备

USG防火墙2台，PC 2台。

3. 实践拓扑

实践拓扑图如图4.21所示。

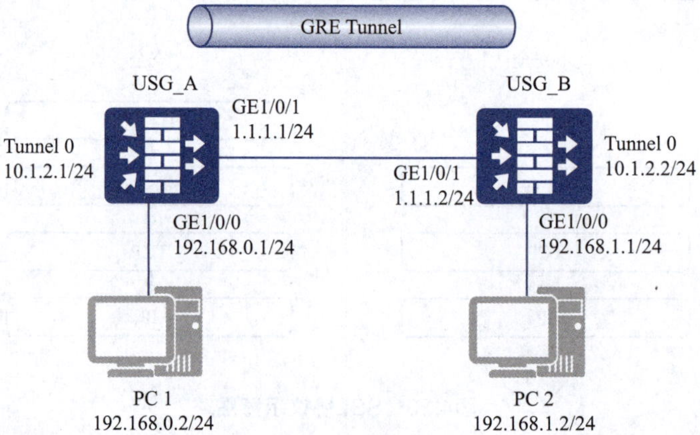

图4.21 实践拓扑图

4. 实践步骤-CLI

（1）配置主机IP地址，步骤省略。

（2）配置防火墙接口IP地址。具体操作命令如下：

①配置USG_A：

```
[USG_A]interface GigabitEthernet 1/0/0
[USG_A-GigabitEthernetl/O/O]ip address 192.168.0.1 24
[USG_A-GigabitEthernet1/0/0]quit
[USGA]interface GigabitEthernet 1/0/1
[USG_A-GigabitEthernetl/O/l]ip address 1.1.1.1 24
```

②配置USG_B：

```
[USG_B]interface GigabitEthernet 1/0/0
```

```
[USG_B-GigabitEthernet1/0/0]ip address 192.168.1.1 24
[USGB-GigabitEthernet1/0/0]quit
[USG_B]interface GigabitEthernet 1/0/1
[USG_B-GigabitEthernet1/0/1]ip address 1.1.1.2 24
[USGB-GigabitEthernet1/0/1]quit
```

（3）配置接口安全区域并配置域间包过滤策略。具体操作命令如下：

①配置USG_A：

```
[USG_A]firewall zone trust
[USG_A-zone-trust]add interface GigabitEthernet 1/0/0
[USG_A-zone-trust]quit
[USG_A]firewall zone untrust
[USG_A-zone-untrust]add interface GigabitEthernet 1/0/1
[USG_A-zone-untrust]quit
[USG_A]security-policy
[USG_A-policy-security]rule name policy_sec
[USG_A-policy-security-rule-policy_sec]source-zone trust untrust local
[USG_A-policy-security-rule-policy_sec]destination-zone trust untrust local
[USG_A-policy-security-rule-policy_sec]action permit
[USG_A-policy-security-rule-policy_sec]quit
```

②配置USG_B：

```
[USG_B]firewall zone trust
[USG_B-zone-trust]add interface GigabitEthernet 1/0/0
[USG_B-zone-trust]quit
[USG_B]firewall zone untrust
[USG_B-zone-untrust]add interface GigabitEthernet 1/0/1
[USG_B-zone-untrust]quit
[USG_B]security-policy
[USG_B-policy-security]rule name policy-sec
[USG_B-policy-security-rule-policy_sec]source-zone trust untrust local
[USG_B-policy-security-rule-policy_sec] destination-zone trust untrust local
[USG_B-policy-security-rule-policy_sec]action permit
[USG_B-policy-security-rule-policy_sec]quit
```

（4）配置Tunnel接口，并将Tunnel接口加入untrust区域。具体操作命令如下：

①配置USG_A：

```
[USG_A]interface Tunnel 0
[USG_A-Tunnel0]tunnel-protocol gre
[USG_A-Tunnel0]ip address 10.1.2.1 24
[USG_A-Tunnel0]source 1.1.1.1
[USG_A-Tunne 10 ] de s t i nat i on 1.1.1.2
[USG_A-Tunnel0]quit
[USG_A]firewall zone untrust
[USG_A-zone~untrust]add interface Tunnel 0
[USG_A-zone-untrust]quit
```

②配置USG_B：

```
[USG_B]interface Tunnel 0
```

```
[USG_B-Tunnel0]tunnel-protocol gre
[USG_B-Tunnel0]ip address 10.1.2.2 24
[USG_B-Tunnel0]source 1.1.1.2
[USG_B-Tunnel0]destination 1.1.1.1
[USG_B-Tunnel0]quit
[USG_B]firewall zone untrust
[USG_B-zone-untrust]add interface Tunnel 0
[USG_B-zone-untrust]quit
```

（5）配置静态路由。具体操作命令如下：

①配置USG_A：

```
[USG_A]ip route-static 192.168.1.0 24 Tunnel 0
```

②配置USG_B：

```
[USG_B]ip route-static 192.168.0.0 24 Tunnel 0
```

任务实践 4-3 VPN典型应用场景配置——IPSec VPN应用场景

1. 实践目的

掌握点对点方式，两端VPN设备公网IP地址固定场景下IPSec VPN的基本配置方法。

2. 组网设备

USG防火墙2台，PC 2台。

3. 实践拓扑

实践拓扑图如图4.22所示。

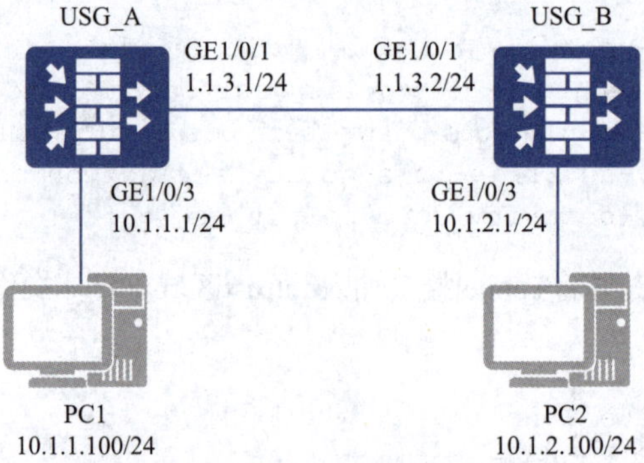

图4.22 实践拓扑图

4. 实践步骤-CLI

（1）配置USG_A：

①基础配置。（略）

②配置域间过滤规则。具体操作命令如下：

```
[USG_A]security-policy
[USG_A-policy-security]rule name policy_sec1
```

```
[USG_A-policy-security-rule-policy_sec1]source-zone trust untrust
[USG_A-policy-security-rule-policy_sec1]destination-zone trust untrust
[USG_A-policy-security-rule-policy_sec1]source-address 10.1.1.0 24
[USG_A-policy-security-rule-policy_sec1]source-address 10.1.2.0
24 USG_A-policy-security-rule-policy_sec1]destination-address 10.1.1.0
24 [USG_A-policy-security-rule-policy_sec1]destination-address 10.1.2.0
24 [USG_A-policy-security-rule-policy_sec1]action permit [USG_A-policy-
security-rule-policy_sec1]quit
[USG_A-policy-security]rule name policy_sec2
[USG_A-policy-security-rule-policy_sec2]source-zone local untrust
[USG_A-policy-security-rule-policy_sec2]destination-zone local untrust
[USG_A-policy-security-rule-policy_sec2]source-address 1.1.3.0 24
[USG_A-policy-security-rule-policy_sec2]destination-address 1.1.3.0 24
[USG_A-policy-security-rule-policy_sec2]action permit
[USG_A-policy-security-rule-policy_sec2]quit
```

③配置USG_A的ACL，定义要保护的数据流。具体操作命令如下：

```
[USG_A]acl 3000
[USG_A-acl-adv-3000]rule permit ip source 10.1.1.0 0.0.0.255 destination
10.1.2.0 0.0.0.255
[USG_A-acl-adv-3000]quit
```

④配置到对端私网地址段的静态路由。具体操作命令如下：

```
[USG_A] ip route-static 10.1.2.0 255.255.255.0 1.1.3.2
```

⑤配置IPSec安全提议。具体操作命令如下：

```
[USG_A] ipsec proposal tran1
[USG_A-ipsec-proposal-tran1]quit
```

⑥配置IKE安全提议。具体操作命令如下：

```
[USG_A] ike proposal 10
[USG_A-ike-proposal-10] quit
```

⑦配置IKE peer b。具体操作命令如下：

```
[USG_A]ike peer b
[USG_A-ike-peer-b]ike-proposal 10
[USG_A-ike-peer-b]remote-address 1.1.3.2
[USG_A-ike-peer-b]pre-shared-key huawei
[USG_A-ike-peer-b]quit
```

⑧配置安全策略。具体操作命令如下：

```
[USG_A] ipsec policy map1 10 isakmp
[USG_A-ipsec-policy-isakmp-map1-10] security acl 3000
[USG_A-ipsec-policy-isakmp-map1-10] proposal tran1
[USG_A-ipsec-policy-isakmp-map1-10] ike-peer b
[USG_A-ipsec-policy-manual-map1-10] quit
```

⑨在接口上引用安全策略。具体操作命令如下：

```
[USG_A] interface GigabitEthernet 1/0/1
[USG_A~GigabitEthernel1/0/1] ipsec policy map1
```

（2）配置USG_B：

①基础配置。（略）

②配置域间过滤规则。具体操作命令如下：

```
[USG_B]security-policy
[USG_B-policy-security]rule name policy_sec1
[USG_B-policy-security-rule-policy_sec1]source-zone trust untrust
[USG_B-policy-security-rule-policy_sec1]destination-zone trust untrust
[USG_B-policy-security-rule-policy_sec1]source-address 10.1.1.0 24
[USG_B-policy-security-rule-policy_sec1]source-address 10.1.2.0 24
[USG_B-policy-security-rule-policy_sec1]destination-address 10.1.1.0 24
[USG_B-policy-security-rule-policy_sec1]destination-address 10.1.2.0 24
[USG_B-policy-security-rule-policy_sec1]action permit
[USG_B-policy-security-rule-policy_sec1]quit
[USG_B-policy-security]rule name policy_sec2
[USG_B-policy-security-rule-policy_sec2]source-zone local untrust
[USG_B-policy-security-rule-policy_sec2]destination-zone local untrust
[USG_B-policy-security-rule-policy_sec2]source-address 1.1.3.0 24
[USG_B-policy-security-rule-policy_sec2]destination-address 1.1.3.0 24
[USG_B-policy-security-rule-policy_sec2]action permit
[USG_B-policy-security-rule-policy_sec2]quit
```

③配置USG_B的ACL，定义要保护的数据流。具体操作命令如下：

```
[USG_B]acl 3000
[USG_B-acl-adv-3000]rule permit ip source 10.1.2.0 0.0.0.255 destination 10.1.1.0 0.0.0.255
[USG_B-acl-adv-3000]quit
```

④配置到对端私网网段的静态路由。具体操作命令如下：

```
[USG_B] ip route-static 10.1.1.0 255.255.255.0 1.1.3.1
```

⑤配置IPSec安全提议。具体操作命令如下：

```
[USG_B] ipsec proposal tran1
[USG_B-ipsec-proposal-tran1]quit
```

⑥配置IKE安全提议。具体操作命令如下：

```
[USG_B] ike proposal 10
[USG_B-ike-proposal-10] quit
[USG_B] interface GigabitEthernet 1/0/1
[USG_B-GigabitEthernel1/0/1] ipsec policy map1
```

项目实训——VPN 综合实验

一、实训描述

移动办公用户的便携机上装有VPN Client软件。用户期望使用VPN Client软件与企业出口网关LNS间建立L2TP VPN隧道，从而通过VPN隧道访问企业内网。

1. 实训目的

理解L2TP VPN拨号的基本原理，掌握Client-Initialized方式L2TP应用场景的配置。

2. 实训组网

实训拓扑如图4.23所示。

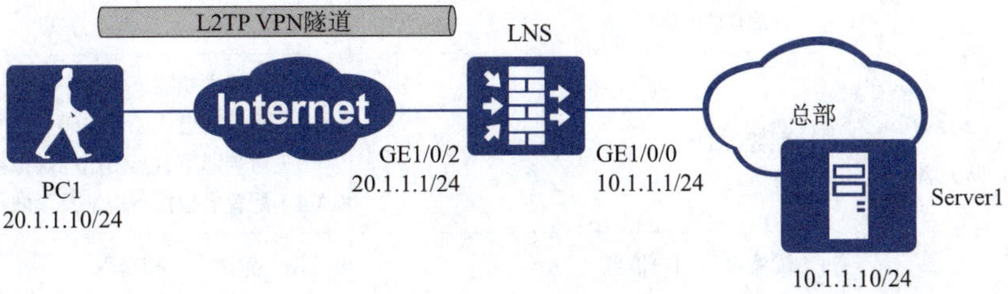

图4.23　实训拓扑图

3. 实训规划

实训规划具体数据在表4.1中给出。

表 4.1　实训规划数据

项　目	数　据	说　明
LNS	接口：GE1/0/0。 地址：10.1.1.1/24。 安全区域：trust	
	接口：GE1/0/2。 地址：20.1.1.1/24。 安全区域：untrust	
PC1	地址：20.1.1.10/24。 网关：20.1.1.1	安装有L2TP拨号客户端的设备
Server1	地址：10.1.1.10/24。 网关：10.1.1.1	模拟内网服务器
L2TP规划（LNS）	虚拟接口：virtual-temptate0。 虚拟接口地址：192.168.1.1/24。 虚拟接口区域：untrust。 对端隧道名称：client。 本端隧道名称：client。 隧道验证密码：Password123。 对端地址：192.168.1.10。 用户名：user001。 密码：Admin@123	
L2TP规划（拨号用户）	用户名：user001。 密码：Admin@123。 隧道名称：client。 认证方式：CHAP。 隧道密码：Password123	

4. 实训任务列表

实训具体任务在表4.2中给出。

表 4.2　实训具体数据

序号	任　务	子 任 务	任 务 说 明
1	防火墙配置	基础配置（包括接口地址及接口加域）	已预配
		开启L2TP功能	
		配置L2TP组	（1）设置本端隧道名。 （2）配置隧道认证及密码。 （3）对端隧道名及使用的虚拟接口。 （4）配置虚拟接口地址及区域
		配置拨号用户信息	（设）置用户名和密码
		配置安全策略规则l2tp1和l2tp2	允许拨号客户端和内部服务器互访
		配置安全策略l2tp3	允许untrust和local区域间L2TP报文的通过
2	拨号客户端设置		根据防火墙上的配置，设置VPN拨号客户端

二、实训步骤

1. 配置思路

（1）配置LNS。

（2）开启L2TP。

（3）配置L2TP连接参数。

（4）配置安全策略。

2. 配置步骤

（1）开启L2TP功能。选择“网络”→“L2TP”→“L2TP”，在“配置L2TP”中，选中L2TP后的“启用”复选框，单击“应用”按钮，操作窗口如图4.24所示。

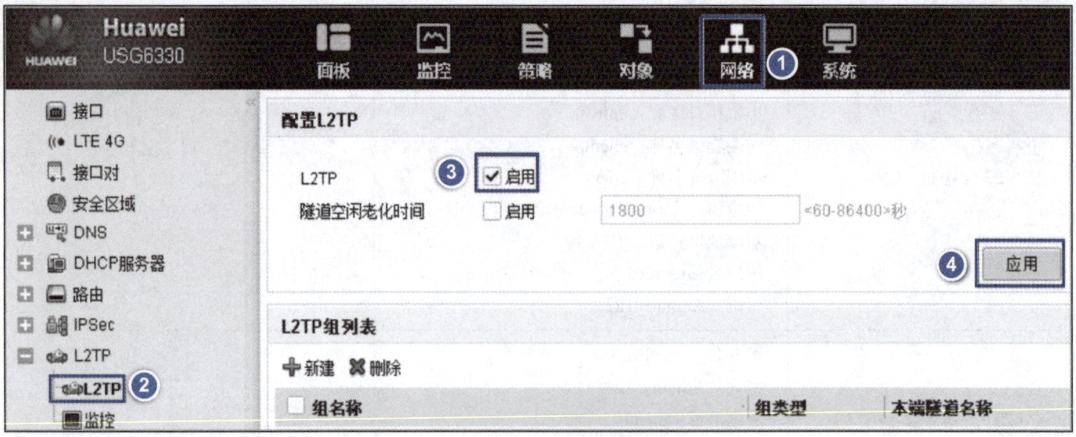

图4.24　开启L2TP功能操作窗口

（2）配置L2TP组设置连接参数。在“L2TP组列表”中，单击“新建”按钮，设置L2TP组的参数，操作窗口如图4.25所示。

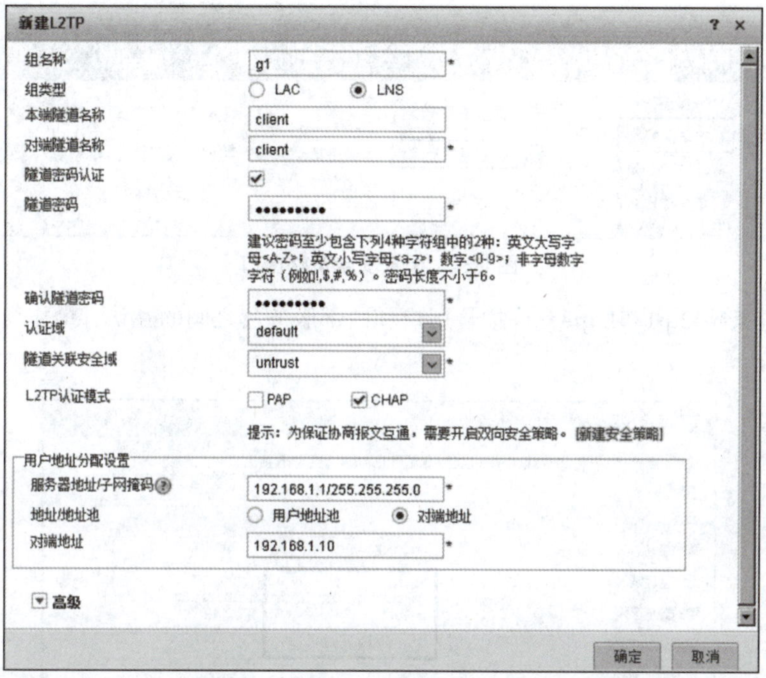

图4.25　设置L2TP组的参数操作窗口

（3）配置拨号用户信息。选择“对象”→“用户”→default，在“用户管理”中，单击“新建”按钮，选择“新建用户”，配置拨号用户名为user001，密码为Admin@123，操作窗口如图4.26所示。

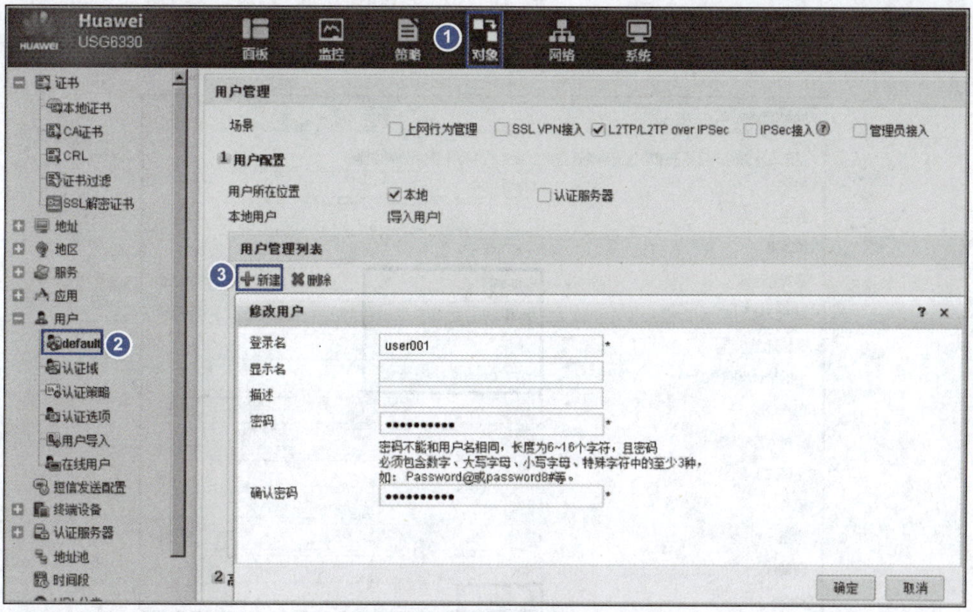

图4.26　配置拨号用户信息操作窗口

（4）配置安全策略。选择“策略”→“安全策略”，在“安全策略列表”中，单击“新建安全策略”，操作窗口如图4.27所示。

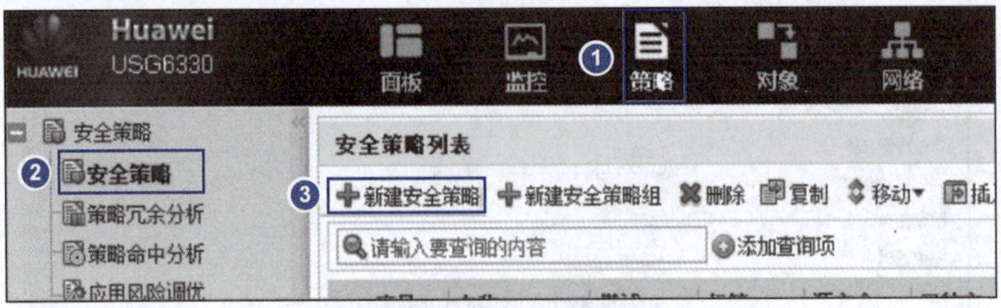

图4.27　配置安全策略窗口

新建安全策略l2tp1和l2tp2允许拨号用户和内部服务器之间的互访，操作窗口如图4.28和图4.29所示。

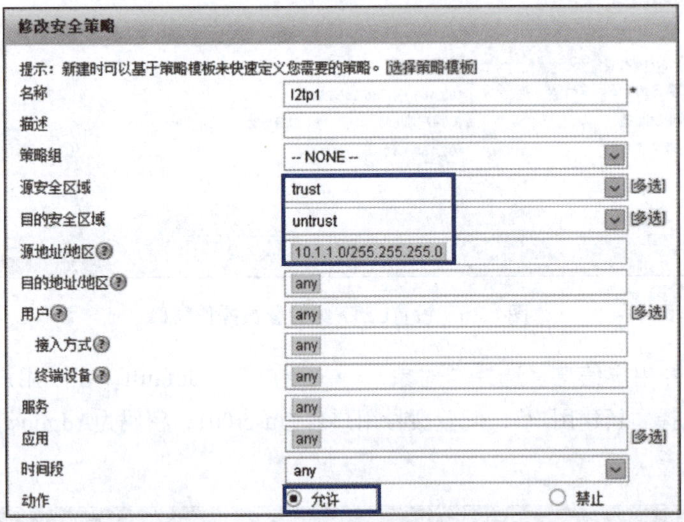

图4.28　l2tp1策略窗口

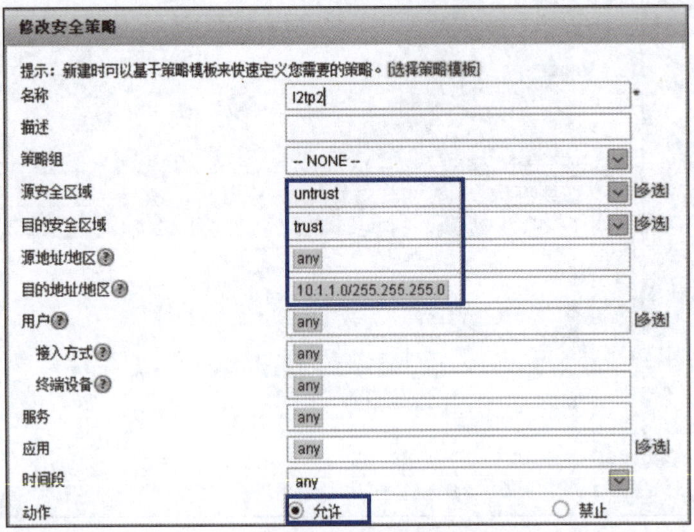

图4.29　l2tp2策略窗口

配置l2tp3（以放行拨号产生的L2TP报文），操作窗口如图4.30所示。

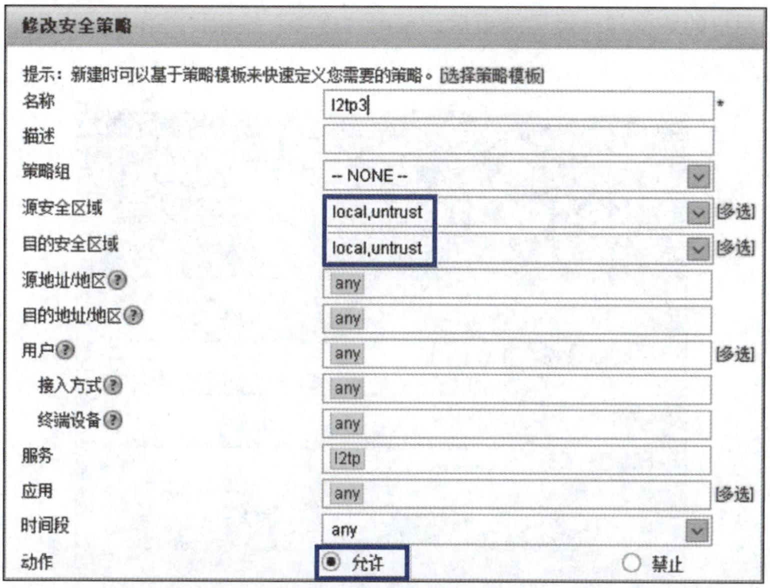

图4.30　配置l2tp3窗口

（5）配置VPN客户端，如图4.31所示。

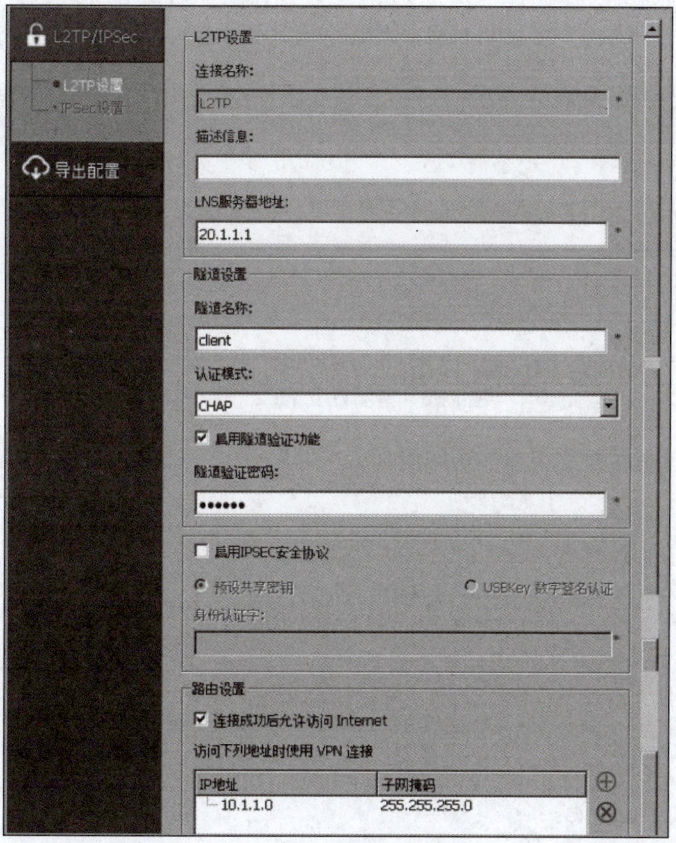

图4.31　配置VPN客户端

三、实训验证

（1）拨号用户的VPN软件设置结束后，单击“连接”按钮，并在设置完用户名和密码后单击“登录”按钮，如图4.32所示。

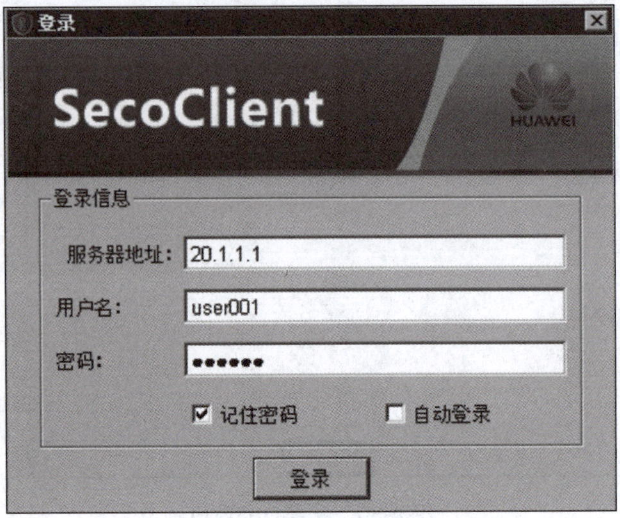

图4.32 “登录”对话框

（2）在LNS上选择“网络”→“L2TP”→“监控”，查看建立起的L2TP会话信息，如图4.33所示。

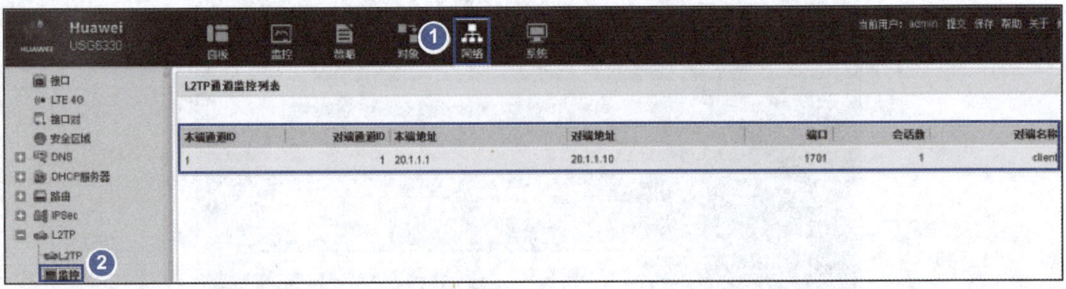

图4.33 查看建立的L2TP会话

（3）客户端远程拨号结束后，访问内部服务器Server1，采用ping命令测试，可以访问。具体操作命令如下：

```
C: \Users\admin>ping 10.1.1.10
Pinging 10.1.1.10 with 32 bytes of data:
Reply from 10.1.1.10: bytes=32 time=3ms TTL=127
Reply from 10.1.1.10: bytes=32 time=1ms TTL=127
Reply from 10.1.1.10: bytes=32 time=1ms TTL=127
Reply from 10.1.1.10: bytes=32 time=1ms TTL=127
Ping statistics for 10.1.1.10:
Packets: Sent=4,Received=4,Lost=0(0% loss), Approximate round trip
times in milli-seconds:
Minimum=1ms, Maximum=3ms, Average=1 ms
```

小　　结

在网络安全领域，加密技术广泛应用于VPN（虚拟专用网络）中。VPN作为基本概念，涵盖多种类型，其中GRE VPN、L2TP VPN有着各自独特的工作原理，而IPSec VPN则包含了加解密及验证过程。此外，了解四种VPN的配置流程，对于有效搭建和使用VPN系统至关重要，从加密技术的运用到各类VPN的原理剖析，再到具体的配置操作，构成了完整的VPN技术知识体系。

习　　题

1. IPSec采用的是非对称加密算法加密用户数据的方式来保证信息传递机密性的。(　　)

   A. 正确　　B. 错误

2. 以下（　　）属于USG6000系列防火墙SSL VPN的主要功能。

   A. 端口转发　　B. 网络扩展　　C. 文件共享　　D. Web代理

项目五 大中型企业网络安全规划——高可靠性方案设计

项目导入

小诚毕业后成立名为信诚科技的企业，企业主营业务产品销售和技术转让项目。由于企业侧重网络销售方面，因此防止设备发生因网络或设备问题导致的脱产情况，需要进行更加安全有效的部署。用户要求公司业务采用双运营商网络服务，需要链路存在冗余备份的机制，选购华为产品进行安装部署操作。那么小诚的企业该如何进行网络部署和项目实施？

项目目标

（1）了解高可靠性方案对于企业的作用。

（2）了解双机热备的原理。

（3）掌握双机热备的部署及配置。

知识储备

一、传统组网方式及其问题

传统的组网方式如图5.1所示，内部用户和外部用户的交互报文全部通过Firewall A。如果Firewall A出现故障，内部网络中所有以Firewall A作为默认网关的主机与外部网络之间的通信将中断，通信可靠性无法保证。

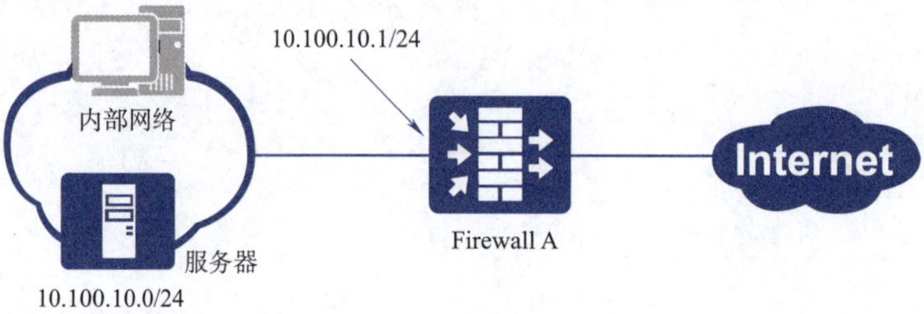

图5.1　防火墙传统组网方式

二、双机热备份技术

双机热备份技术的出现改变了可靠性难以保证的尴尬状态，通过在网络出口位置部署两台防火墙，保证了内部网络与外部网络之间的通信畅通。

三、USG防火墙的部署与双机备份

USG防火墙作为安全设备，一般会部署在需要保护的网络和不受保护的网络之间，即位于业务接口点上。在这种业务点上，如果仅使用一台USG防火墙设备，无论其可靠性多高，系统都可能会承受因为单点故障而导致网络中断的风险。为了防止一台设备出现意外故障而导致网络业务中断，可以采用两台防火墙形成双机备份。

任务　理解双机热备技术原理

在成功搭建起安全高效的用户认证体系后，我们充分掌握了保障网络安全的用户层面措施。但一个稳定可靠的大中型企业网络，不仅需要完善的用户认证机制，还需要具备高可靠性的保障方案。接下来，将聚焦大中型企业网络安全规划中的高可靠性方案设计，深入理解双机热备技术原理。下面先从双机热备技术概述开始，掌握其基本概念、核心作用以及在企业网络架构中的重要地位。接着探讨VRRP（虚拟路由冗余协议）技术在路由器上的应用，了解它如何通过虚拟路由冗余协议，实现路由器之间的备份与切换，保障网络的不间断通信。同时，深入剖析VRRP工作原理和HRP（热备份冗余协议）工作原理，明确这两种关键技术在双机热备体系中的运作逻辑；研究双机热备的备份方式，知晓不同备份策略的特点与适用场景。最后，通过任务实践分别以CLI方式和Web方式进行配置，将双机热备技术原理转化为实际操作能力，切实为大中型企业网络构建起高可靠性的保障体系，确保网络在面对各种突发状况时仍能稳定、持续地运行。

一、双机热备技术概述

1. 双机热备的定义

双机热备存在广义和狭义两种概念：

（1）广义双机热备：对于重要服务，采用两台防火墙相互备份，共同执行同一服务。当一台防火墙出现故障时，另一台可自动承担服务任务，无须人工干预，持续保障系统服务。

（2）狭义双机热备：特指基于Active/Standby（主动/备用）方式的防火墙热备。防火墙数据（如数据库数据）同时写入两台或多台防火墙，或使用共享存储设备。同一时间仅一台防火墙运行，当运行中的防火墙出现故障无法启动时，另一台备份防火墙通过软件诊测（一般是心跳诊断）激活Standby机器，确保设备在短时间内恢复正常使用。

2. 双机热备的作用

双机热备主要针对防火墙故障，防火墙故障原因多样，包括设备故障、网络链路故障、安全策略异常等。技术人员现场恢复防火墙正常运转，短则10 min，长则可能几天。实际经验表明，简单重启防火墙（可能隐患仍在）外，恢复往往需要数小时以上；若技术人员不在场，恢复服务时间更长。对于重要业务或行业，用户难以忍受长时间服务中断，双机热备可避免此类情况，保障网络长期、可靠服务。

3. 是否使用双机热备的考量

决定是否采用双机热备，需要分析网络重要性及对业务中断的容忍程度，即明确用户能接受的服务恢复时长，以及网络中断造成的影响。同时要注意，双机热备存在切换过程，可能导致服务短时间中断，切换完成后服务恢复正常。虽然双机热备不是无缝、不中断的，但能在系统故障时快速恢复服务，避免业务受到严重影响。另外，防火墙故障比交换机、存储设备故障影响更复杂，因为防火墙不仅包含硬件，还涉及策略、网关等复杂系统，设备故障和策略问题都可能导致服务中断。

4. 双机热备的模式

双机热备典型模式有通过典型的双机热备软件PCL HA实现的Active/Active模式和Active/Standby模式，实际应用中双机热备还可能扩展为多机的集群，即多机集群模式。双机热备一般用于有数据库或其他数据的应用，对于数据之前的应用防火墙（或其他无写数据操作的服务），则属于负载均衡领域。

二、VRRP技术在路由器上的应用

1. 引入VRRP的背景

为避免路由器传统组网引发的单点故障，通常采用多条链路保护机制，依靠动态路由协议进行链路切换。但这种方式存在局限，在无法使用动态路由协议时，仍会导致链路中断。因此，推出VRRP，它的链路保护机制比依赖动态路由协议广播报文进行链路切换的时间更短，还能弥补不能使用动态路由时的链路保护问题。

2. VRRP的基本概念

（1）备份组：同一个广播域的一组路由器组成虚拟路由器，备份组内所有路由器共同提供一个虚拟IP地址，作为内部网络的网关地址。

（2）主（master）路由器：在同一备份组的多个路由器中，仅一台处于活动状态，只有主路由器能转发以虚拟IP地址作为下一跳的报文。

（3）备份（backup）路由器：同一备份组中除主路由器外的其他路由器，处于备份状态。

主路由器通过组播方式定期向备份路由器发送通告报文（HELLO），备份路由器监听通告报文确定自身状态。由于VRRP HELLO报文是组播报文，要求备份组中的各路由器通过二层设备相连，即启用VRRP（虚拟路由冗余协议）时上下行设备必须具备二层交换功能，否则备份路由器无法收到主路由器发送的HELLO报文，不满足组网条件则不能使用VRRP。

3. 路由器组网中VRRP实现设备冗余

（1）单备份组情况：当防火墙某个区域需要双机备份功能时，需要在防火墙配置一个VRRP备份组，如图5.2所示。

（2）多备份组情况：当防火墙上多个区域需要双机备份功能时，需要在一台防火墙上配置多个VRRP备份组，如图5.3所示。由于USG防火墙是状态防火墙，要求报文来回路径通过同一台防火墙，所以同一台防火墙上的所有VRRP备份组状态需要保持一致，即主防火墙上所有

VRRP备份组都为主状态，所有报文从主防火墙通过，另一台防火墙充当备份设备。

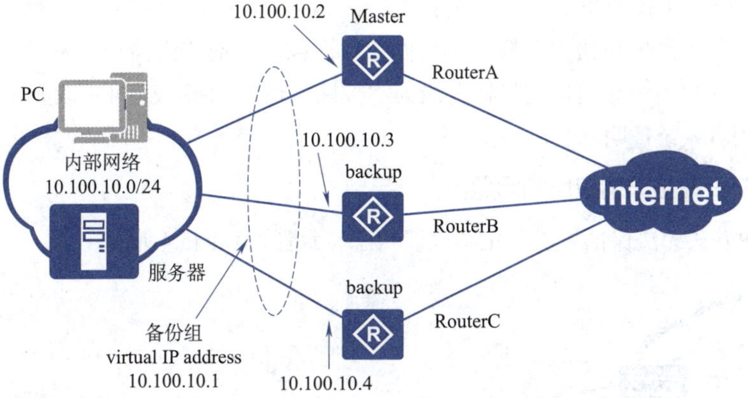

图5.2　防火墙VRRP单备份组

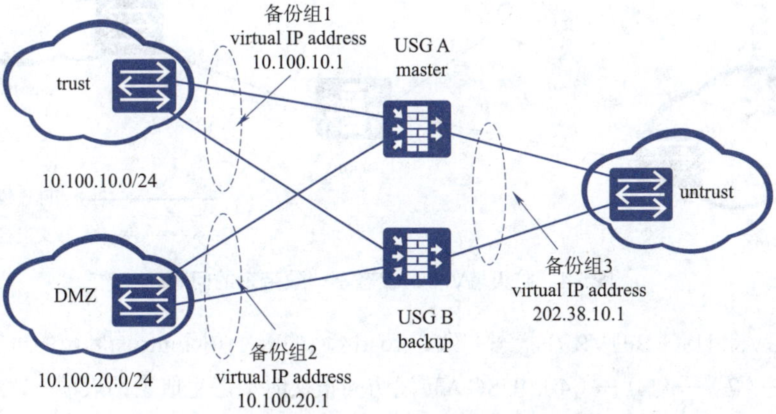

图5.3　防火墙VRRP多备份组

三、VRRP工作原理

1. VRRP的协议性质

VRRP是一种选择协议，可将虚拟路由器责任动态分配到局域网上的一台VRRP路由器中。控制虚拟路由器IP地址的VRRP路由器是主路由器，负责转发数据包到虚拟IP地址。主路由器不可用时，该协议提供动态故障转移机制，允许虚拟路由器的IP地址作为终端主机的默认第一跳路由器，是一种LAN接入设备备份协议。同时，VRRP也是路由容错协议，即备份路由协议。局域网络内主机设置默认路由，目的地址不在本网段的报文通过默认路由发往外部路由器实现通信。默认路由器端口关闭，内部主机无法与外部通信；若路由器设置VRRP，虚拟路由启用备份路由器，实现全网通信。

2. VRRP协议中的重要概念

（1）VRRP路由器和虚拟路由器：VRRP路由器是运行VRRP的物理实体，虚拟路由器是VRRP协议创建的逻辑概念，一组VRRP路由器协同构成一台虚拟路由器，对外表现为具有唯一固定IP地址和MAC地址的逻辑路由器。

（2）主控路由器和备份路由器：同一VRRP组中的路由器有主控和备份两种互斥角色，一个VRRP组只有一台主控路由器，可有多台备份路由器。VRRP协议从路由器组中选出主控路由器，负责ARP（地址解析协议）解析和转发IP数据包，其他路由器作为备份待命。主控路由器出现故障时，一台备份路由器能迅速升级为主控路由器，切换迅速且不改变IP地址和MAC地址，对终端使用者系统透明。

3. 传统VRRP在防火墙应用的问题

传统VRRP方式无法保证主、备用防火墙状态一致性，如图5.4所示。

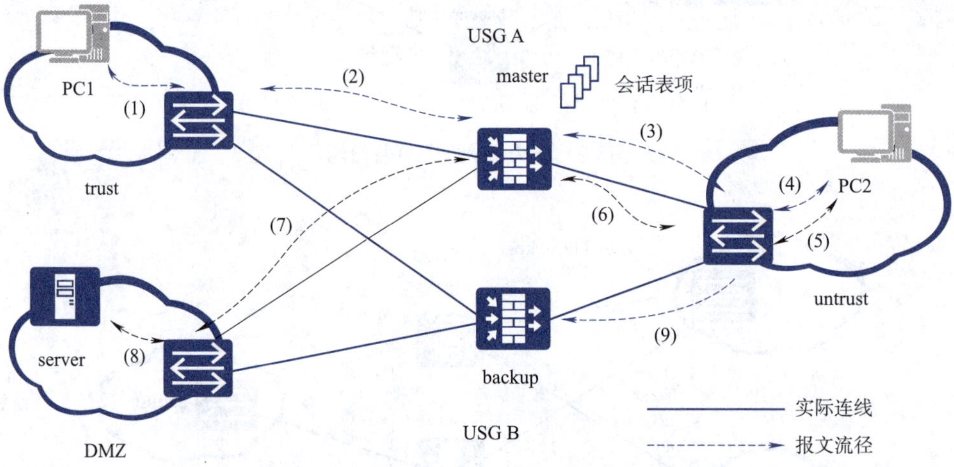

图5.4　防火墙VRRP状态不一致带来的问题

假设USG A和USG B的VRRP状态一致，trust区域的PC1访问untrust区域的PC2，报文转发路线为（1）—（2）—（3）—（4），USG A转发访问报文时动态生成会话表项，PC2返回报文能命中会话表项顺利返回；同理，PC2和DMZ区域的Server也能互访。若USG A和USG B的VRRP状态不一致，如USG B与trust区域相连接口为备用状态，但与untrust区域接口为主用状态，PC1报文通过USG A到达PC2后，在USG A生成会话表项，PC2返回报文通过路线（4）—（9）返回，此时USG B无相应会话表项，若无其他报文过滤规则允许通过，USG B将丢弃报文，导致会话中断。

问题根源在于报文转发机制不同，路由器和状态检测防火墙的机制如下：

（1）路由器：每个报文查路由表匹配后转发，链路切换后，后续报文不受影响继续转发。

（2）状态检测防火墙：首包允许通过建立五元组会话连接，只有命中该会话表项的后续报文（包括返回报文）才能通过防火墙；链路切换后，后续报文找不到正确表项，会导致业务中断。注意，路由器配置NAT后也会有同样问题，因为NAT后会形成NAT转换表项。

4. VGMP解决VRRP状态不一致问题

为保证所有VRRP备份组切换一致性，在VRRP基础上扩展推出VGMP（VRRP group management protocol），如图5.5所示。

（1）VGMP的概念：VGMP提出VRRP管理组概念，将同一台防火墙上的多个VRRP备份组加入一个VRRP管理组，由管理组统一管理所有VRRP备份组，通过统一控制各VRRP备份组状态切换，保证管理组内所有VRRP备份组状态一致。

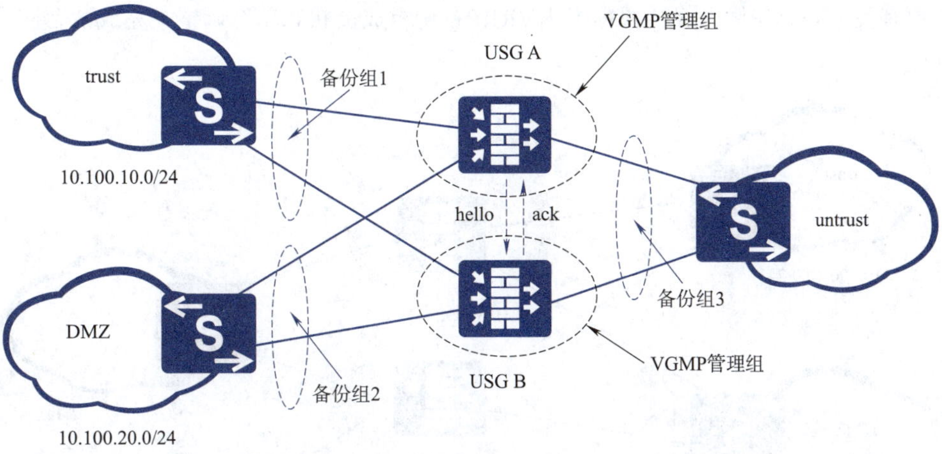

图5.5　VGM解决VRRP状态不一致问题图

（2）VGMP的基本原理：VGMP可保证报文来回路径通过同一台防火墙。主防火墙出现故障时，所有流量切换到备用防火墙，但Eudemon防火墙是状态防火墙，若备用防火墙上没有主防火墙上的连接状态数据，切换到备用防火墙的很多流量无法通过防火墙，现有连接中断，用户需要重新发起连接。所以，为实现主用设备故障时备用设备平滑接替工作，需要在主用、备用设备之间备份关键配置命令和会话表状态等关键信息。

（3）VGMP的作用及VRRP管理组功能：

①VGMP的作用：实现防火墙主备状态控制切换。

②VRRP管理组功能：

- 状态一致性管理：管理组内VRRP备份组同步状态切换，各备份组主/备状态变化通知所属VGMP管理组，由其决定是否允许VRRP备份组进行主/备状态切换，如果需切换则控制所有VRRP备份组统一切换，VRRP备份组加入管理组后状态不能自行单独切换。
- 抢占管理：VRRP备份组本身有抢占功能，即故障恢复的主设备优先级恢复后可重新抢占为主。VGMP管理组抢占功能类似，故障恢复的备份组使管理组优先级恢复时，VGMP决定是否重新抢占为主设备。VRRP备份组加入VGMP管理组后，原抢占功能失效，抢占行为由VGMP管理组统一决定。
- 通道管理（trans-only）：防火墙上的VGMP为Active/Standby状态时，组内所有VRRP备份组状态统一为Active/Standby状态。状态为Active的VGMP定期向对端发送HELLO报文，通知Standby端自身运行状态（包括优先级、VRRP成员状态等），如图5.6所示。

Standby端收到HELLO报文后回应ACK消息，携带自身优先级、VRRP成员状态等。VGMP HELLO报文发送周期默认为1 s，Standby端三个HELLO报文周期未收到对端HELLO报文，认为对端出现故障，将自己切换到Active状态。当防火墙上的VGMP为Active状态时，组内所有VRRP备份组状态统一为Active状态，所有报文从该防火墙上通过，该防火墙成为主用防火墙；另一台防火墙上对应的VGMP为备用状态，成为备用防火墙，通过指定VGMP组的状态决定主用和备用防火墙。防火墙的VGMP优先级有初始值，防火墙接口或单板等出现故障时，在初始优先级基础上减去一定降低值。例如，USG6000和NGFW Module的初始优先级为45000，USG9500的VGMP组初始优先级与LPU板（接口板）上的插卡个数和SPU板（业务板）上的

CPU个数有关，VGMP优先级会根据组内VRRP备份组成员状态动态调整，完成两台防火墙的主备倒换。

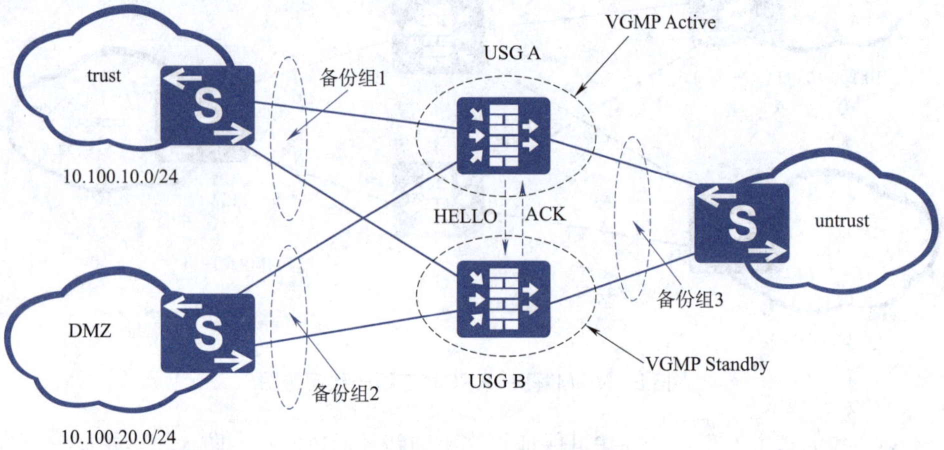

图5.6　VRRP管理组的功能

四、HRP工作原理

1. HRP概述

HRP（hot standby redundancy protocol，热备份冗余协议）是承载在VGMP报文上进行传输的，在Master和Backup防火墙设备之间备份关键配置命令和会话表状态信息，是双机热备协议，如图5.7所示。

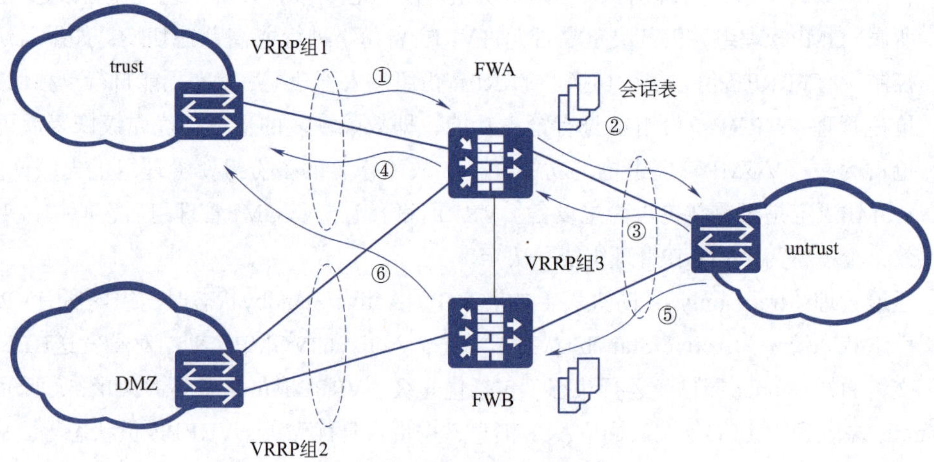

图5.7　HRP工作原理

2. HRP工作的必要性

在双机热备组网中，当主防火墙出现故障时，所有流量都将切换到备用防火墙。因为USG防火墙是状态防火墙，如果备用防火墙上没有原来主防火墙上的会话表等连接状态数据，则切换到备用防火墙的流量将无法通过防火墙，造成现有的连接中断，此时用户必须重新发起连接。

3. HRP的数据备份机制

HRP模块提供了基础的数据备份机制和传输功能。各个应用模块收集本模块需要备份的数据，提交给HRP模块。HRP模块负责将数据发送到对端防火墙的对应模块，应用模块需要再将HRP模块提交上来的数据进行解析，并加入防火墙的动态运行数据池中。

4. HRP的备份内容与方向

（1）备份内容：要备份的连接状态数据包括TCP/UDP的会话表、ServerMap表项、动态黑名单、NO-PAT表项、ARP表项等。

（2）备份方向：防火墙中以状态监测为主的VGMP管理组，向对端进行备份。

5. HRP的备份通道与心跳接口

（1）备份通道：一般情况下，在两台设备上直连的端口作为备份通道，有时也称为“心跳线”（VGMP也通过该通道进行通信）。两台防火墙（FW）之间备份的数据是通过心跳接口发送和接收的，是通过心跳链路（备份通道）传输的。心跳接口必须是状态独立且具有IP地址的接口，可以是一个物理接口（GE接口），也可以是为了增加带宽，由多个物理接口捆绑而成的一个逻辑接口Eth - Trunk，如图5.8所示。

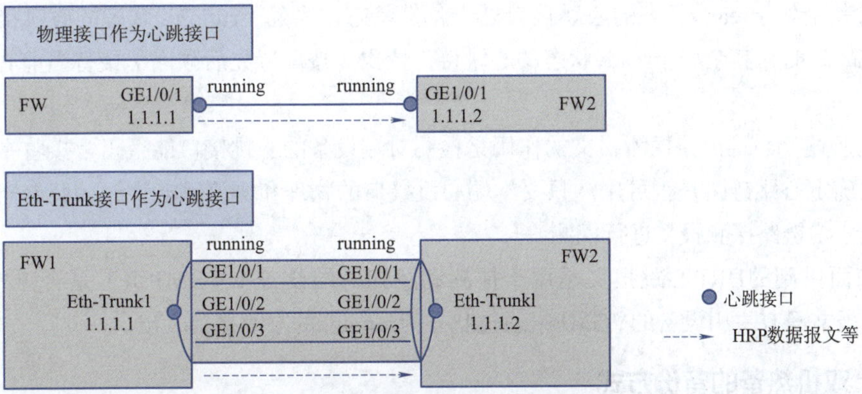

图5.8　心跳接口工作示意图

通常情况下，备份数据流量为业务流量的20%~30%，请根据备份数据量的大小选择捆绑物理接口的数量。

（2）心跳接口状态：HRP心跳接口共有五种状态，如图5.9所示。

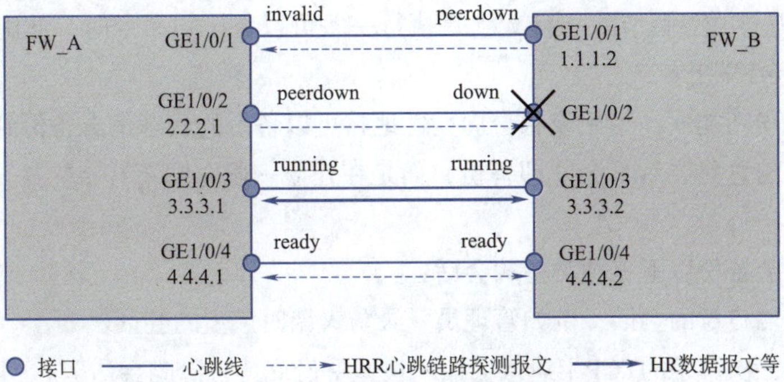

图5.9　心跳接口状态机

①invalid：当本端FW上的心跳接口配置错误时显示此状态（物理状态up，协议状态down），例如，指定的心跳接口为二层接口或未配置心跳接口的IP地址。

②down：当本端FW上的心跳接口的物理与协议状态均为down时，则会显示此状态。

③peerdown：当本端FW上的心跳接口的物理与协议状态均为up时，则心跳接口会向对端对应的心跳接口发送心跳链路探测报文。如果收不到对端响应的报文，FW会设置心跳接口状态为peerdown。但是，心跳接口还会不断发送心跳链路探测报文，以便当对端的对应心跳接口为up后，该心跳链路能处于连通状态。

④ready：当本端FW上心跳接口的物理与协议状态均为up时，则心跳接口会向对端对应的心跳接口发送心跳链路探测报文。如果对端心跳接口能够响应此报文（也发送心跳链路探测报文），FW会设置本端心跳接口状态为ready，随时准备发送和接收心跳报文。这时心跳接口依旧会不断发送心跳链路探测报文，以保证心跳链路的状态正常。

⑤running：当本端FW有多个处于ready状态的心跳接口时，FW会选择最先配置的心跳接口形成心跳链路，并设置此心跳接口的状态为running。如果只有一个处于ready状态的心跳接口，它自然会成为状态为running的心跳接口。状态为running的接口负责发送HRP心跳报文、HRP数据报文、HRP链路探测报文、VGMP报文和一致性检查报文。

这时其余处于ready状态的心跳接口处于备份状态，当处于running状态的心跳接口或心跳链路出现故障时，其余处于ready状态的心跳接口依次（按配置先后顺序）接替当前心跳接口处理业务。

综上所述，心跳链路探测报文的作用是检测对端设备的心跳接口能否正常接收本端设备的报文，以确定心跳链路是否可用。只要本端心跳接口的物理和协议状态为up，就会向对端心跳接口发送心跳链路探测报文进行探测。

在前面讲到的HRP心跳报文是用于探测和感知对端设备（VGMP组）是否正常工作的。HRP心跳报文只有主用设备的VGMP组通过状态为running的心跳接口发出。

五、双机热备的备份方式

双机热备的备份方式共有四种类型：

1. 自动备份

自动备份功能默认为开启状态，能够自动实时备份配置命令和周期性地备份状态信息，适用于各种双机热备组网。

启用自动备份功能后，在一台FW上每执行一条可以备份的命令时，此配置命令就会立即同步备份到另一台FW上。

启用自动备份功能后，主用设备会周期性地将可以备份的状态信息备份到备用设备上。即主用设备的状态信息建立后不会立即备份，而是在建立一段时间（10 s左右）之后才会备份到备用设备。

自动备份不会备份以下三种类型的会话：

（1）到防火墙自身的会话，例如管理员登录防火墙时产生的会话。

（2）未完成三次握手的TCP半连接会话（快速备份支持备份此会话）。

（3）只为UDP首包创建，而不被后续包匹配的会话（快速备份支持备份此会话）。

2. 手工批量备份

手工批量备份需要管理员手工触发，每执行一次手工批量备份命令，主用设备就会立即同步一次配置命令和状态信息到备用设备。因此，手工批量备份主要适用于主备设备之间配置不同步，需要手工同步的场景。

执行手工批量备份命令后，主用（配置主）设备会立即同步一次可以备份的配置命令到备用（配置备）设备。

执行手工批量备份命令后，主用设备会立即同步一次可以备份的状态信息到备用设备，而不必等到自动备份周期的到来。

3. 会话快速备份

会话快速备份功能，适用于负载分担的工作方式，以应对报文来回路径不一致的场景。负载分担组网下，由于两台防火墙都是主用设备，都能转发报文，所以可能存在报文的来回路径不一致的情况，即来回两个方向的报文分别从不同的防火墙经过。这时如果两台防火墙的会话没有及时相互备份，则回程报文会因为没有匹配到会话表项而被丢弃，从而导致业务中断。所以，为防止上述现象发生，需要在负载分担组网下配置会话快速备份功能，使两台防火墙能够实时地相互备份会话，使回程报文能够查找到相应的会话表项，从而保证内外部用户的业务不中断。

启用会话快速备份功能后，主用设备会实时地将可以备份的会话（包括上面提到的自动备份不支持的会话）都同步到备用设备上。即在主用设备会话建立时立即将其实时备份到备用设备。

4. 设备重启后主备FW的配置自动同步备份

双机热备组网中，如果一台FW重启，重启期间业务都是由另一台FW承载。在此期间，承载业务的FW上可能会新增、删除或修改配置。为了保证主备FW配置一致，在FW重启完成后，会自动从当前承载业务的FW上进行一次配置同步。

配置同步仅会同步支持备份的配置，如安全策略、NAT策略等。不支持备份的配置，如OSPF（开放最短路径优先）、BGP（边界网关协议）等，还继续沿用原有的配置。

配置同步需要一定的时间。同步的时间与配置量有关，配置量越大同步配置所需时间也越长，最长可能需要1小时左右。在配置同步期间，FW上无法执行支持备份的配置命令。

任务实践 5-1 CLI方式配置

1. VRRP配置

接口视图下配置VRRP。具体操作命令如下：

```
vrrp vrid virtual-router-ID virtual-ip virtual-address[ip-mask|ip-mask-length]{ active | standby }
```

执行此命令时，指定active或standby参数后，即将该VRRP组加入了VGMP管理组的Active或Standby管理组。

每个普通物理接口（GigabitEthernet接口）下最多配置255个VRRP组。

Master管理组默认情况下会每隔1 s发送一次VRRP报文，可以在接口视图下调整VRRP报文发送间隔。接口视图下修改VRRP报文发送时间，具体操作命令如下：

```
pvrrp vrid virtual-router-ID timer advertise adver-interval
```

VRRP也可以与ip-link进行配合，当上行链路断掉后使VRRP能够进行主备切换。在接口视图下配置ip-link，具体操作命令如下：

```
pvrrp vrid virtual-router-id ip-link link-id
```

2. VGMP管理组配置

默认情况下，VGMP管理组的抢占功能为启用状态，抢占延迟时间为60 s。配置VGMP管理组的抢占延迟时间命令如下：

```
phrp preempt [ delay interval ]
```

3. HRP配置

（1）指定心跳口，具体操作命令如下：

```
hrp interface interface-type interface-number[remote{ip-address|ipv6-address}]
```

（2）启用HRP备份功能，具体操作命令如下：

```
hrp enable
```

（3）启用允许配置备用设备的功能，具体操作命令如下：

```
hrp standby config enable
```

（4）启用命令与状态信息的自动备份，具体操作命令如下：

```
hrp auto-sync [ config | connection-status]
```

（5）启用会话快速备份，具体操作命令如下：

```
hrp mirror session enable
```

HRP两台USG心跳口的接口类型和编号必须相同，且心跳口不能为二层以太网接口。USG支持使用Eth-Trunk接口作为心跳口，既提高了可靠性，又增加了备份通道的带宽。主备USG的心跳口可以直接相连，也可以通过中间设备，如交换机或路由器连接。当心跳口通过中间设备相连时，需要配置remote参数来指定对端IP地址。

当两台设备启用HRP备份功能之后，会进行主备状态的协商，最后得到一个主用设备（显示时以HRP_A表示）、一个备用设备（显示时以HRP_S表示）。两端首次协商出主备后，主用设备将向备用设备备份配置和连接状态等信息。

启用允许配置备用设备的功能后，所有可以备份的信息都可以直接在备用设备上进行配置，且备用设备上的配置可以同步到主用设备。如果主用设备上都进行了某项配置，则从时间上来说，后配置的信息会覆盖先配置的信息。

USG工作于负载分担组网时，报文的来回路径可能会不一致，务必启用会话快速备份功能，使一台USG的会话信息立即同步至另一台USG，保证内外部用户的业务不中断。

4. USG配置

（1）USG_A关于VRRP组1配置。具体操作命令如下：

```
[USG_A]interface GigabitEthernet 1/0/1
[USG_A-GigabitEthernet 1/0/1 ]ip address 10.2.0.1 24
[USG_A-GigabitEthernet 1/0/1 ]vrrp vrid 1 virtual-ip 1.1.1.1 255.255.255.0 active
```

（2）USG_B关于VRRP组1的配置。具体操作命令如下：

```
[USG_B]interface GigabitEthernet 1/0/1
[USG_B-GigabitEthernet1/0/1 ]ip address 10.2.0.2 24
[USG_B-GigabitEthernet 1/0/1 ]vrrp vrid 1 virtual-ip 1.1.1.1 255.255.255.0 standby
```

（3）USG_A关于VRRP组2配置。具体操作命令如下：

```
[USG_A]interface GigabitEthernet 1/0/3
[USG_A-GigabitEthernet 1/0/3 ]ip address 10.3.0.1 24
[USG_A-GigabitEthernet 1/0/3 ]vrrp vrid 2 virtual-ip 10.3.0.3 active
```

（4）USG_B关于VRRP组2的配置。具体操作命令如下：

```
[USG_B]interface GigabitEthernet 1/0/3
[USG_B-GigabitEthernet 1/0/3 ]ip address 10.3.0.2 24
[USG_B-GigabitEthernet 1/0/3 ]vrrp vrid 2 virtual-ip 10.3.0.3 standby
```

（5）USG_A关于HRP配置，具体操作命令如下：

```
[USG_A]hrp enable
[USG_A]hrp mirror session enable
[USG_A]hrp interface GigabitEthernet 1/0/6
```

（6）USG_B关于HRP的配置。具体操作命令如下：

```
[USG_B]hrp enable
[USG_B]hrp mirror session enable
[USG_B]hrp interface GigabitEthernet 1/0/6
hrp enable                                  # 使能 HRP 协议
hrp mirror session enable                   # 开启会话快速备份功能
hrp interface GigabitEthernet 1/0/6         # 指定心跳接口为 G1/0/6
```

5. 查看状态信息

（1）查看处于VRRP备份组中的接口状态信息，具体操作命令如下：

```
HRP_A<USG_A>display vrrp interface G1/0/3
GigabitEthernet1/0/3 | Virtual Router 2
VRRP Group : Active
state : Active
Virtual IP : 10.3.0.3
Virtual MAC : 0000-5e00-0102
```

```
Primary IP : 10.3.0.1
PriorityRun : 120
PriorityConfig: 100
 MasterPriority : 120
 Preempt : YES   Delay Time : 0
 Advertisement Timer : 1
 Auth Type : NONE
 Check TTL : YES
```

（2）查看处于Master状态防火墙的状态信息，具体操作命令如下：

```
HRP_A<USG_A>dis hrp state
The firewall’s config state is: ACTIVE
Current state of virtual routers configured as active:
GigabitEthernet1/0/1  vrid  1 : active
GigabitEthernet1/0/3  vrid  2 : active
```

（3）查看处于Slave状态防火墙的状态信息，具体操作命令如下：

```
HRP_S[USG_B] display hrp state
The firewall’s config state is: Standby
Current state of virtual routers configured as standby:
GigabitEthernet1/0/1  vrid  1 : standby
GigabitEthernet1/0/3  vrid  2 : standby
```

任务实践 5-2 Web方式配置

具体配置步骤如下：

（1）选择“系统”→“高可靠性”→“双机热备”→“配置”进行双机热备相关配置，如图5.10所示。

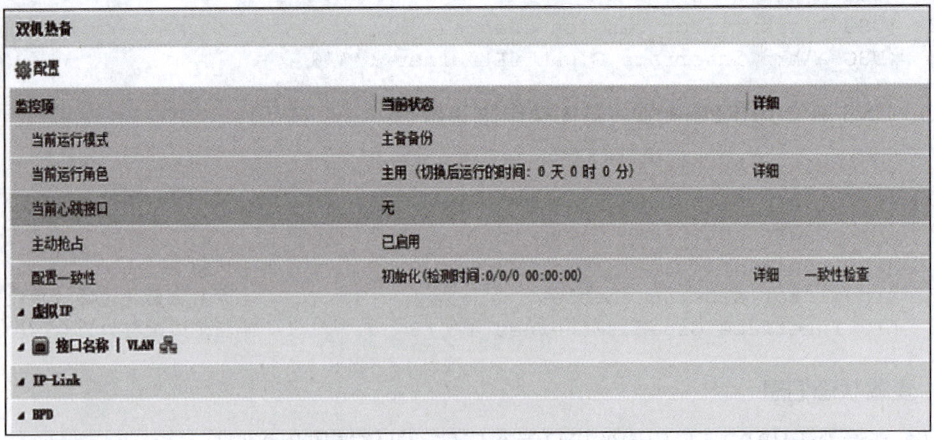

图5.10　双机热备配置图

（2）单击“配置”进入双机热备配置界面，在配置界面中可以配置HRP的基本参数，以及对接口、VLAN、IP-Link、BFD的监视。

（3）单击“详细”按钮可以查看HRP的历史切换信息。

（4）单击“一致性检查”按钮可以对主备防火墙的配置做一致性检查。

（5）在双机热备配置界面单击“配置”按钮对主用设备USG_A进行配置，在配置虚拟IP地址下单击“新建”按钮建立相应VRRP备份组，操作如图5.11所示。

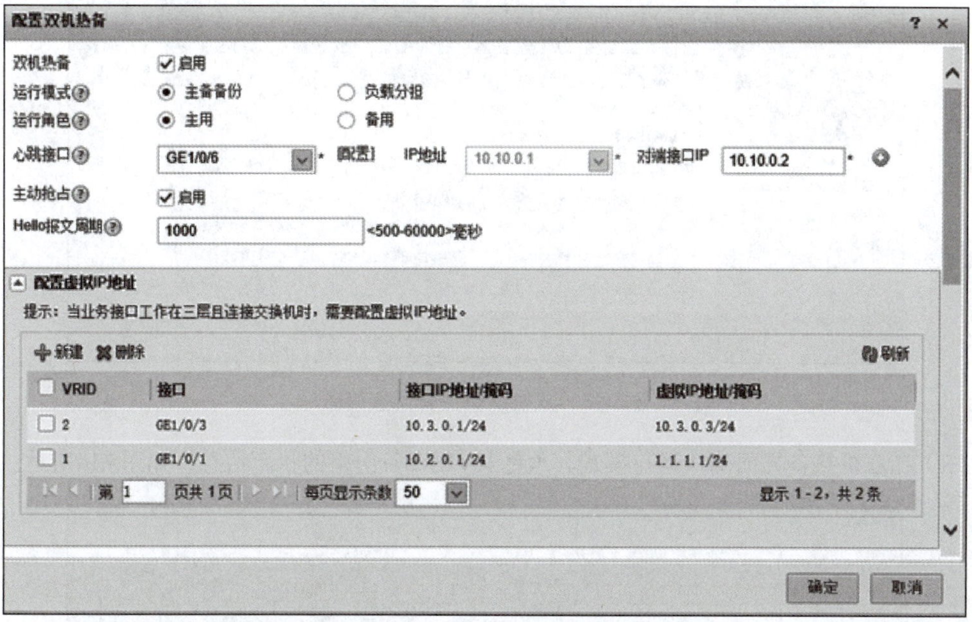

图5.11 建立USG_A的VRRP备份组图

（6）在双机热备配置界面单击“配置”按钮对备用设备USG_B的配置，在配置虚拟IP地址下单击“新建”按钮建立相应的VRRP备份组，如图5.12所示。

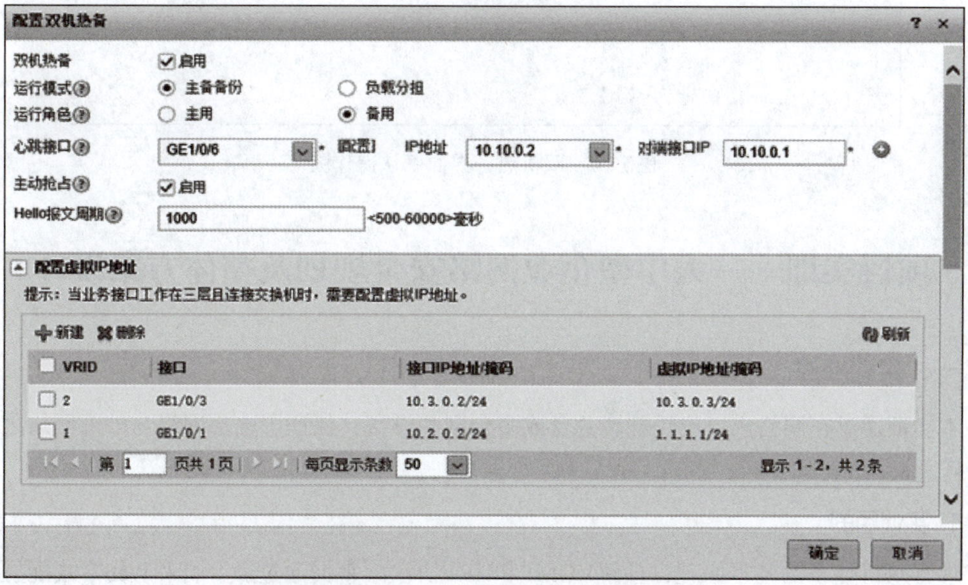

图5.12 建立USG_B的VRRP备份组图

（7）在双机热备界面，单击“详细”可以查看双机热备主备切换信息，操作如图5.13所示。

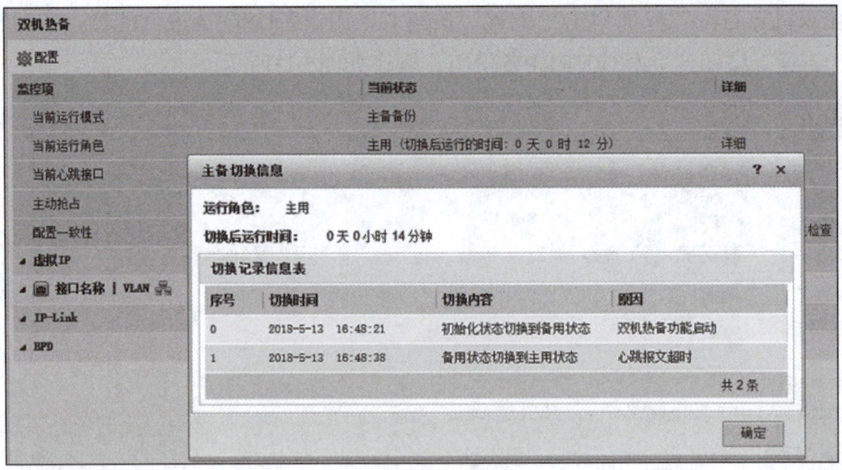

图5.13　双机热备主备切换信息

（8）在双机热备界面确认运行模式、角色及VRRP备份组的状态信息，如图5.14所示。

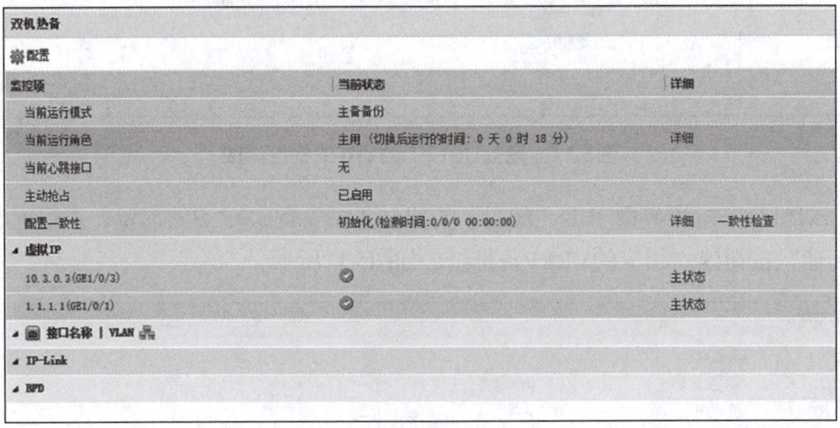

图5.14　双机热备界面确认操作图

项目实训——大中型企业网络安全规划及整体方案设计

一、实训描述

本实训通过在网络出口位置部署两台或多台网关设备，保证了内部网络与外部网络之间的通信畅通。

1. 实训目的

理解双机热备的基本原理，理解VGMP和HRP协议。掌握通过命令行和Web方式配置防火墙双机热备。

2. 实训拓扑

实训拓扑图如图5.15所示。

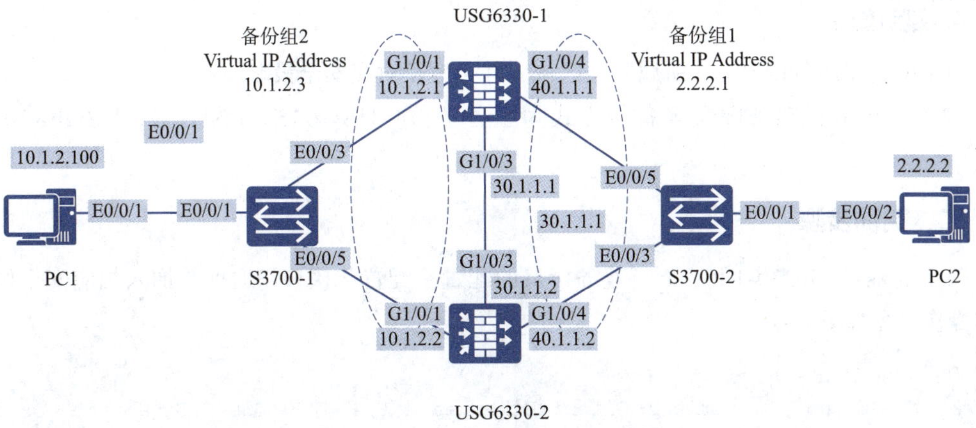

图5.15　实训拓扑图

实训规划USG6330作为安全设备部署在业务节点上。其中，上下行设备均是交换机，USG6330-1、USG6330-2以主备备份方式工作，具体参数值见表5-1。

表 5.1　实验参数值

设备名称	接　口	IP地址	区　域
USG6330-1	G1/0/1	10.1.2.1	trust
	G1/0/3	30.1.1.1	DMZ
	G1/0/4	40.1.1.1	untrust
USG6330-2	G1/0/1	10.1.2.2	trust
	G1/0/3	30.1.1.2	DMZ
	G1/0/4	40.1.1.2	untrust

PC1、PC2具体参数值见表5.2。

表 5.2　PC1、PC2 实验参数值

PC1	E0/0/1	10.1.2.100	trust
PC2	E0/0/1	2.2.2.2	untrust

3. 实验任务列表

项目具体任务见表5.3。

表 5.3　实验任务

序号	任务	子任务	任务说明
1	配置基础数据	配置安全区域	将各接口划入安全区域
2	配置双机热备	配置双机热备	配置双机热备模式为主备模式，FW1为主用，FW2为备用
		配置虚拟IP地址	配置VRRP备份组1和2
3	配置安全策略	放行域间转发安全策略	放行trust到untrust区域策略

4. 实验思路

（1）配置基本的IP地址和所属安全区域，并且放行对应安全策略。

（2）进行双机热备配置，备份方式为主备备份，USG6330-1为主用，USG6330-2为备用。

二、实训步骤

（1）完成USG6330-1上、下行业务接口的配置。配置各接口IP地址并加入相应安全区域，具体操作命令如下：

```
<USG6330-1>system-view
[USG6330-1] interface GigabitEthernet 1/0/1 [USG6330-1-GigabitEthernet1/0/1] ip address 10.1.2.1 255.255.255.0 [USG6330-1-GigabitEthernet1/0/1] quit
[USG6330-1] interface GigabitEthernet 1/0/4 [USG6330-1-GigabitEthernet1/0/3] ip address 40.1.1.1 255.255.255.0 [USG6330-1-GigabitEthernet1/0/3] quit
[USG6330-1] firewall zone trust
[USG6330-1-zone-trust] add interface GigabitEthernet 1/0/1 [USG6330-1-zone-trust] quit
[USG6330-1] firewall zone untrust
[USG6330-1-zone-untrust] add interface GigabitEthernet 1/0/4 [USG6330-1-zone-untrust] quit
```

（2）配置接口GigabitEthernet 1/0/1的VRRP备份组1，并加入状态为Active的VGMP管理组。具体操作命令如下：

```
[USG6330-1] interface GigabitEthernet 1/0/4 [USG6330-1-GigabitEthernet1/0/1] vrrp vrid 1 virtual-ip 2.2.2.1 255.255.255.0 active
[USG6330-1-GigabitEthernet1/0/1] quit
```

（3）配置接口GigabitEthernet 1/0/3的VRRP备份组2，并加入状态为Active的VGMP管理组。具体操作命令如下：

```
[USG6330-1] interface GigabitEthernet 1/0/1 [USG6330-1-GigabitEthernet1/0/3] vrrp vrid 2 virtual-ip 10.1.2.3 active [USG6330-1-GigabitEthernet1/0/3] quit
```

（4）完成USG6330-1的心跳线配置，配置GigabitEthernet1/0/7的IP地址。具体操作命令如下：

```
[USG6330-1] interface GigabitEthernet1/0/3 [USG6330-1-GigabitEthernet1/0/7] ip address 30.1.1.1 255.255.255.0 [USG6330-1-GigabitEthernet1/0/7] quit
```

（5）配置GigabitEthernet1/0/3加入DMZ区域。具体操作命令如下：

```
[USG6330-1]firewall zone dmz      #指定GigabitEthernet1/0/3为心跳口
[USG6330-1-zone-dmz]add interface GigabitEthernet1/0/3 [USG6330-1-zone-dmz]quit
[USG6330-1] hrp interface GigabitEthernet1/0/3
```

（6）配置trust区域和untrust区域的域间转发策略。具体操作命令如下：

```
HRP_A[USG6330-1]security-policy
```

```
HRP_A[USG6330-1-policy-security] rule name policy_sec HRP_A[USG6330-1-policy-security-rule-policy_sec] source-zone trust HRP_A[USG6330-1-policy-security-rule-policy_sec] destination-zone untrust
HRP_A[USG6330-1-policy-security-rule-policy_sec] action permit HRP_A[USG6330-1-policy-security-rule-policy_sec] quit
```

（7）启用HRP备份功能。具体操作命令如下：

```
[USG6330-1] hrp enable
```

（8）配置USG6330-2。USG6330-2和上述USG6330-1的配置基本相同，不同之处在于以下两点：

①G6330-2各接口的IP地址与USG6330-1各接口的IP地址不相同。

②G6330-2的业务接口GigabitEthernet1/0/1和GigabitEthernet1/0/4加入状态为Standby的VGMP管理组。

三、实训验证

（1）查看VRRP信息。在USG6330-1上执行display vrrp命令，检查VRRP组内接口的状态信息，显示以下信息表示VRRP组建立成功。

```
HRP_Adisplay vrrp
GigabitEthernet1/0/4 | Virtual Router 1 State : Master
Virtual IP : 2.2.2.1 Master IP : 40.1.1.1 PriorityRun : 120 PriorityConfig : 100
MasterPriority : 120
Preempt : YES
Delay Time : 0 s
TimerRun : 60 s
TimerConfig : 60 s
Auth type : NONE
Virtual MAC : 0000-5e00-0101
Check TTL : YES
Config type : vgmp-vrrp Backup-forward : disabled
GigabitEthernet1/0/1 | Virtual Router 2 State : Master
Virtual IP : 10.1.2.3 Master IP : 10.1.2.1 PriorityRun : 120 PriorityConfig : 100
MasterPriority : 120
Preempt : YES
Delay Time : 0 s
TimerRun : 60 s
TimerConfig : 60 s
Auth type : NONE
Virtual MAC : 0000-5e00-0102
Check TTL : YES Config type : vgmp-vrrp Backup-forward : disabled
```

（2）查看HRP信息。在USG6330-1上执行display hrp state命令，检查当前HRP的状态，显示以下信息表示HRP建立成功。

```
HRP_Adisplay hrp state The firewall's config state is: ACTIVE Current state of virtual routers configured as active: GigabitEthernet1/0/1 vrid 2:active GigabitEthernet1/0/4 vrid 1 : active
```

（3）查看USG6330-1会话。在处于trust区域的PC1端ping VRRP组2的虚拟IP地址10.1.2.3，在USG6330-1上检查会话。

```
HRP_Adisplay firewall session table Current Total Sessions : 1 icmp
VPN: public --> public 10.1.2.100: 1-->10.1.2.3: 2048
```

可以看出，VRRP组配置正确后，在PC1端能够ping通VRRP组2的虚拟IP地址。

（4）检查USG6330-1和USG6330-2会话。PC2作为服务器位于untrust区域，在trust区域的PC1端能够ping通untrust区域的服务器。分别在USG6330-1和USG6330-2上检查会话。

```
HRP_Adisplay firewall session table Current Total Sessions : 1 icmp
VPN: public --> public 10.1.2.100: 1-->2.2.2.2: 2048 HRP_Sdisplay firewall
session table Current Total Sessions : 1 icmp VPN: public --> public Remote
10.1.2.100: 1-->2.2.2.2: 2048
```

可以看出USG6330-2上存在带有Remote标记的会话，表示配置双机热备功能后，会话备份成功。在PC1上执行ping 2.2.2.2-t，然后将USG6330-1防火墙G1/0/1接口网线拔出，观察防火墙状态切换及ping包丢包情况；再将USG6330-1防火墙G1/0/1接口网线恢复，观察防火墙状态切换及ping包丢包情况。

小　结

双机热备作为高可用性方案，通过配置两台防火墙（主/备），主设备处理任务、备设备待命，主故障时备机自动接管以保障系统持续运行。其核心机制包括主备间通过心跳检测确保通信，主设备异常时触发备机接管；需要实时数据同步保障切换时进行数据更新；切换过程中确保数据完整一致，降低业务影响。该技术需在硬件、软件、网络层面优化配置，并兼顾了系统容错性、安全性及可维护性。

习　题

1. HRP技术可以实现备用防火墙不需要配置任何信息，所有配置信息均由主防火墙通过HRP同步至备用防火墙，且重启后配置信息不丢失。(　　)

A. 正确　　　　B. 错误

2. 在防火墙做双机热备组网时，为实现备份组整体状态切换，需要使用以下（　　）协议技术。

A. VGMP　　　　B. VRRP　　　　C. HRP　　　　D. OSPF

项目六
网络安全综合实训——企业网络安全规划

项目导入

小龙入职了一家集团型的企业，该集团有分公司10个，其中一个分公司下辖一个办事处，有合作机构若干个，现在要求小龙对整个网络的安全进行设计和规划，以满足企业的网络安全需要。如果你是小龙会怎么解决这个问题?

项目目标

掌握安全策略、NAT技术、VPN技术、双机热备技术。

知识储备

本项目涉及华为防火墙技术的安全策略、NAT技术、双机热备技术、用户管理技术和VPN技术。

一、安全策略

安全策略是华为防火墙中的核心组成部分，用于定义和管理网络流量的访问控制规则。通过安全策略，管理员可以决定哪些网络流量允许通过防火墙，哪些被禁止。安全策略通常基于源IP地址、目标IP地址、协议类型和端口号等信息进行过滤和匹配。管理员可以创建访问控制列表（ACL），设置允许或阻止特定流量的规则，并灵活地调整策略以满足不同的安全需求。

二、NAT技术

NAT技术是一种在网络中转换IP地址的方法。在华为防火墙中，NAT技术常用于将内部私有IP地址转换为公共IP地址，以实现多个内部设备通过单一公共IP地址与外部网络进行通信。NAT技术可以提高网络的安全性，隐藏内部网络的真实IP地址，同时还可以解决IPv4地址不足的问题。

三、双机热备技术

双机热备技术是一种高可用性的架构设计，在华为防火墙中用于确保网络安全服务的连续性。双机热备将两台防火墙设备配置为主备模式，其中一台设备处于活动状态，而另一台设备则处于备份状态。活动设备负责处理网络流量和安全策略，而备份设备则实时复制活动设备的状态和配置。如果活动设备发生故障，备份设备会自动接管，保证网络安全服务的不中断。

四、用户管理技术

华为防火墙提供强大的用户管理功能，包括身份验证和授权。通过用户管理技术，管理员可以验证用户的身份，并为其分配特定的访问权限。华为防火墙支持各种身份验证方式，如用户名/密码、证书、双因素认证等。管理员可以创建和管理用户账户，限制用户对网络资源的访问权限，确保只有经过身份验证和授权的用户才能访问敏感数据和系统。

五、VPN技术

VPN技术通过使用加密和隧道技术，提供了安全的远程访问和站点到站点连接。在华为防火墙中，管理员可以配置和管理VPN连接，以实现远程用户和分支

任务实践 6-1 配置安全策略、NAT、VPN

1. 配置安全策略举例

具体操作命令如下：

```
[FW] security-policy
[FW-policy-security] rule name policy_sec_deny1
[FW-policy-security-rule-policy_sec_deny1] source-zone trust
[FW-policy-security-rule-policy_sec_deny1] destination-zone dmz
[FW-policy-security-rule-policy_sec_deny1] source-address address-set server_deny
[FW-policy-security-rule-policy_sec_deny1] destination-address 10.2.0.10 32
[FW-policy-security-rule-policy_sec_deny1] service server1_port
[FW-policy-security-rule-policy_sec_deny1] time-range time_deny
[FW-policy-security-rule-policy_sec_deny1] action deny
[FW-policy-security-rule-policy_sec_deny1] quit
```

2. 配置NAT技术举例

（1）在FW上配置默认路由，使私网流量可以正常转发至ISP的路由器。具体操作命令如下：

```
[FW] ip route-static 0.0.0.0 0.0.0.0 1.1.1.254
```

（2）配置出接口方式的源NAT策略，使用私网用户直接借用FW的公网IP地址来访问Internet。具体操作命令如下：

```
[FW] nat-policy
[FW-policy-nat] rule name policy_nat1
[FW-policy-nat-rule-policy_nat1] source-zone trust
[FW-policy-nat-rule-policy_nat1] destination-zone untrust
[FW-policy-nat-rule-policy_nat1] source-address 10.1.1.0 24
[FW-policy-nat-rule-policy_nat1] action source-nat easy-ip
```

```
[FW-policy-nat-rule-policy_nat1] quit
[FW-policy-nat] quit
```

在私网主机上配置默认网关，使私网主机访问Internet时，将流量发往FW。具体配置过程略。

任务实践 6-2 配置双机热备

1. 配置双机热备技术举例

在双机热备的配置中，涉及多个关键部分，下面以FW_A和FW_B两台设备为例进行详细说明。

（1）配置VRRP备份组：在不同的业务接口上配置VRRP备份组，需要分别在FW_A和FW_B上进行操作，确保主备状态的正确设置。

①配置上行业务接口GE0/0/1。

在FW_A的上行业务接口GE0/0/1上配置VRRP备份组1，并设置其状态为Active。操作命令如下：

```
[FW_A] interface GigabitEthernet 0/0/1
[FW_A-GigabitEthernet0/0/1] vrrp vrid 1 virtual-ip 1.1.1.1 24 active
[FW_A-GigabitEthernet0/0/1] quit
```

在FW_B的上行业务接口GE0/0/1上配置VRRP备份组1，并设置其状态为Standby。注意，若接口的IP地址与VRRP备份组地址不在同一网段，配置VRRP备份组地址时需要指定掩码。具体操作命令如下：

```
[FW_B] interface GigabitEthernet 0/0/1
[FW_B-GigabitEthernet0/0/1] vrrp vrid 1 virtual-ip 1.1.1.1 24 standby
[FW_B-GigabitEthernet0/0/1] quit
```

②配置下行业务接口GE0/0/3。

在FW_A的下行业务接口GE0/0/3上配置VRRP备份组2，并设置其状态为Active。具体操作命令如下：

```
[FW_A] interface GigabitEthernet 0/0/3
[FW_A-GigabitEthernet0/0/3] vrrp vrid 2 virtual-ip 10.3.0.3 active
[FW_A-GigabitEthernet0/0/3] quit
```

在FW_B的下行业务接口GE0/0/3上配置VRRP备份组2，并设置其状态为Standby。具体操作命令如下：

```
[FW_B] interface GigabitEthernet 0/0/3
[FW_B-GigabitEthernet0/0/3] vrrp vrid 2 virtual-ip 10.3.0.3 standby
[FW_B-GigabitEthernet0/0/3] quit
```

（2）指定心跳口并启用双机热备功能：为实现双机热备的正常通信与状态备份，需要指定心跳口并启用相关功能。

①在FW_A上指定心跳口为GigabitEthernet 0/0/7，并设置对端地址为10.10.0.2，然后启用双

机热备功能。具体操作命令如下：

```
[FW_A] hrp interface GigabitEthernet 0/0/7 remote 10.10.0.2
[FW_A] hrp enable
```

②在FW_B上进行类似配置，指定心跳口为GigabitEthernet 0/0/7，对端地址为10.10.0.1，启用双机热备功能。具体操作命令如下：

```
[FW_B] hrp interface GigabitEthernet 0/0/7 remote 10.10.0.1
[FW_B] hrp enable
```

（3）配置安全策略：双机热备状态成功建立后，FW_A的安全策略配置会自动备份到FW_B上。以允许内网用户访问Internet为例，具体操作命令如下：

```
HRP_M[FW_A] security-policy
HRP_M[FW_A-policy-security] rule name trust_to_untrust
HRP_M[FW_A-policy-security-rule-trust_to_untrust] source-zone trust
HRP_M[FW_A-policy-security-rule-trust_to_untrust] destination-zone untrust
HRP_M[FW_A-policy-security-rule-trust_to_untrust] source-address 10.3.0.0 24
HRP_M[FW_A-policy-security-rule-trust_to_untrust] action permit
HRP_M[FW_A-policy-security-rule-trust_to_untrust] quit
HRP_M[FW_A-policy-security] quit
```

（4）配置NAT策略：同样，FW_A的NAT策略配置在双机热备状态建立后会自动备份到FW_B。配置NAT策略，使内网用户访问Internet时，将源地址由10.3.0.0/16网段转换为地址池中的地址（1.1.1.2~1.1.1.5）。具体配置如下：

```
HRP_M[FW_A] nat address-group group1
HRP_M[FW_A-address-group-group1] section 0 1.1.1.2 1.1.1.5
HRP_M[FW_A-address-group-group1] route enable
HRP_M[FW_A-address-group-group1] quit
HRP_M[FW_A] nat-policy
HRP_M[FW_A-policy-nat] rule name policy_nat1
HRP_M[FW_A-policy-nat-rule-policy_nat1] source-zone trust
HRP_M[FW_A-policy-nat-rule-policy_nat1] destination-zone untrust
HRP_M[FW_A-policy-nat-rule-policy_nat1] source-address 10.3.0.0 16
HRP_M[FW_A-policy-nat-rule-policy_nat1] action source-nat address-group group1
```

2. 配置用户管理技术举例

（1）创建来访客户对应的用户：在FW设备上创建名为guest的用户，设置其密码为Admin@123，并将其加入默认用户组。具体操作命令如下：

```
[FW] user-manage user guest
[FW-localuser-user_guest] parent-group /default
[FW-localuser-user_guest] password Admin@123
[FW-localuser-user_guest] quit
```

（2）设置用户认证后跳转页面：设置用户认证通过后自动跳转到先前访问的Web页面。具体操作命令如下：

```
[FW] user-manage redirect
```

（3）配置认证策略：允许来自trust区域、10.3.0.0/24网段的用户进行认证。具体操作命令如下：

```
[FW] auth-policy
[FW-policy-auth] rule name policy_auth_01
[FW-policy-auth-rule-policy_auth_01] source-zone trust
[FW-policy-auth-rule-policy_auth_01] source-address 10.3.0.0 24
[FW-policy-auth-rule-policy_auth_01] action auth
[FW-policy-auth-rule-policy_auth_01] quit
[FW-policy-auth] quit
```

3. 配置VPN技术举例

（1）定义被保护的数据流：在FW_A上通过访问控制列表（ACL）定义被保护的数据流，允许源地址为10.1.1.0/24网段、目的地址为10.1.2.0/24网段的IP流量通过。具体操作命令如下：

```
[FW_A] acl 3000
[FW_A-acl-adv-3000] rule 5 permit ip source 10.1.1.0 0.0.0.255 destination 10.1.2.0 0.0.0.255
[FW_A-acl-adv-3000] quit
```

（2）配置IPSec安全提议：配置IPSec安全提议tran1，设置ESP协议的认证算法为sha2 - 256，加密算法为aes-256。具体操作命令如下：

```
[FW_A] ipsec proposal tran1
[FW_A-ipsec-proposal-tran1] esp authentication-algorithm sha2-256
[FW_A-ipsec-proposal-tran1] esp encryption-algorithm aes-256
[FW_A-ipsec-proposal-tran1] quit
```

（3）配置IKE安全提议：设置认证方法为预共享密钥，PRF算法为hmac-sha2-256，加密算法为aes-256，DH组为group14，完整性算法为hmac-sha2-256。具体操作命令如下：

```
[FW_A] ike proposal 10
[FW_A-ike-proposal-10] authentication-method pre-share
[FW_A-ike-proposal-10] prf hmac-sha2-256
[FW_A-ike-proposal-10] encryption-algorithm aes-256
[FW_A-ike-proposal-10] dh group14
[FW_A-ike-proposal-10] integrity-algorithm hmac-sha2-256
[FW_A-ike-proposal-10] quit
```

（4）配置IKE Peer：配置IKE Peer，指定IKE提议为10，本地ID类型为IP，远程ID类型为FQDN，远程ID为branch，远程地址为1.1.5.1，远程认证地址为10.1.5.2，预共享密钥为Test!1234。具体操作命令如下：

```
[FW_A] ike peer c
[FW_A-ike-peer-c] ike-proposal 10
[FW_A-ike-peer-c] local-id-type ip
[FW_A-ike-peer-c] remote-id-type fqdn
[FW_A-ike-peer-c] remote-id branch
[FW_A-ike-peer-c] remote-address 1.1.5.1
[FW_A-ike-peer-c] remote-address authentication-address 10.1.5.2
```

```
[FW_A-ike-peer-c] pre-shared-key Test!1234
[FW_A-ike-peer-c] quit
```

（5）配置IPSec安全策略：配置IPSec安全策略map1，关联ACL 3000、IPSec提议tran1和IKE Peer c。具体操作命令如下：

```
[FW_A] ipsec policy map1 10 isakmp
[FW_A-ipsec-policy-isakmp-map1-10] security acl 3000
[FW_A-ipsec-policy-isakmp-map1-10] proposal tran1
[FW_A-ipsec-policy-isakmp-map1-10] ike-peer c
[FW_A-ipsec-policy-isakmp-map1-10] quit
```

（6）应用IPSec策略：在接口GigabitEthernet 0/0/2上应用IPSec策略组map1。具体操作命令如下：

```
[FW_A] interface GigabitEthernet 0/0/2
[FW_A-GigabitEthernet0/0/2] ipsec policy map1
[FW_A-GigabitEthernet0/0/2] quit
```

注意：以上的配置代码仅为示例，实际的配置可能因设备型号、软件版本和网络要求而有所不同。在进行具体配置时，可参考相关的设备文档和技术指南，确保正确的语法和参数设置。

项目实训——企业网络安全规划

一、实训描述

小龙所在的集团设有10个分公司（在本次实训项目中，将以其中1个分公司为具体案例展开）。该集团位于城区的某一分公司下辖的1个办事处，同时与若干合作机构保持业务往来（实训项目中以1个合作机构为例进行模拟）。现要求小龙针对这一涵盖集团、分公司、办事处及合作机构的整体网络体系，进行全面的安全设计与规划，以确保满足企业在网络安全方面的各项需求。

1. 实训要求

（1）出口双机热备：在总公司出口位置部署双机热备，保障网络可靠性，确保业务持续运行。

（2）总部与分公司IPsec VPN：通过IPsec VPN打通总部和分公司内部网络，实现安全的数据传输。

（3）分公司与办事处GRE VPN：利用GRE VPN实现分公司和办事处之间的网络互联，满足业务通信需求。

（4）合作机构SSL VPN：合作机构使用SSL VPN连接总部内部服务器，保障数据传输安全与访问控制。

（5）出差用户L2TP VPN：出差用户通过L2TP VPN连接企业内部网络，实现远程安全办公。

（6）NAT技术上网：总部、分公司、办事处均采用NAT技术实现上网，有效利用公网IP资源。

2. 实训网络拓扑

网络拓扑图如图6.1所示，清晰展示了总公司、分公司、办事处、合作机构以及运营商之间的网络连接关系，是后续配置的基础架构。

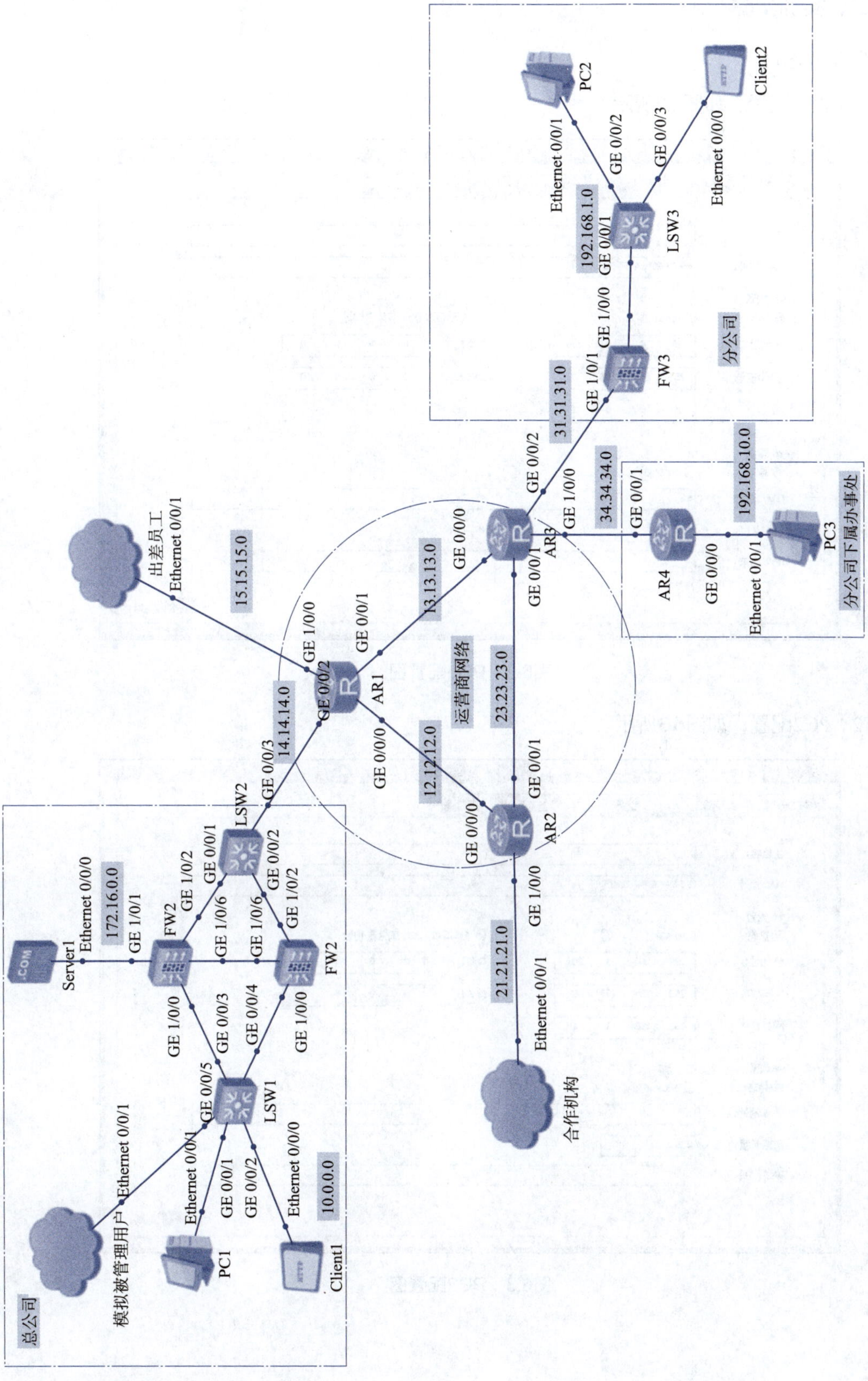
总公司
模拟被管理用户
Ethernet 0/0/1
PC1
Client1
Server1
LSW1
LSW2
FW2
FW2
10.0.0.0
172.16.0.0
14.14.14.0
出差员工
15.15.15.0
AR1
AR2
AR3
AR4
运营商网络
12.12.12.0
13.13.13.0
23.23.23.0
21.21.21.0
合作机构
31.31.31.0
34.34.34.0
FW3
LSW3
PC2
Client2
192.168.1.0
分公司
192.168.10.0
PC3
分公司下属办事处

图6.1 实训拓扑图

二、实训步骤

1. 配置终端

（1）PCL配置，如图6.2所示。

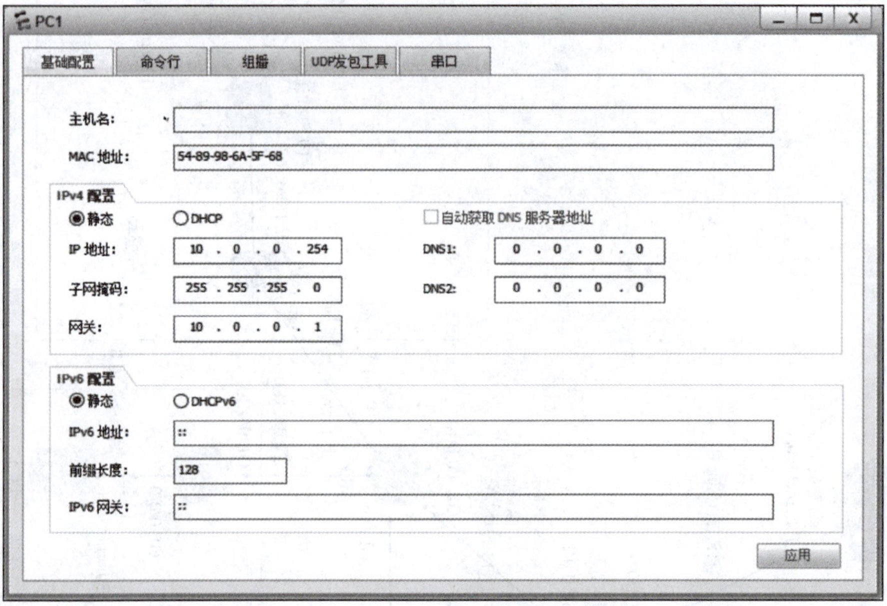

图6.2 PCL配置图

（2）PC2配置，如图6.3所示。

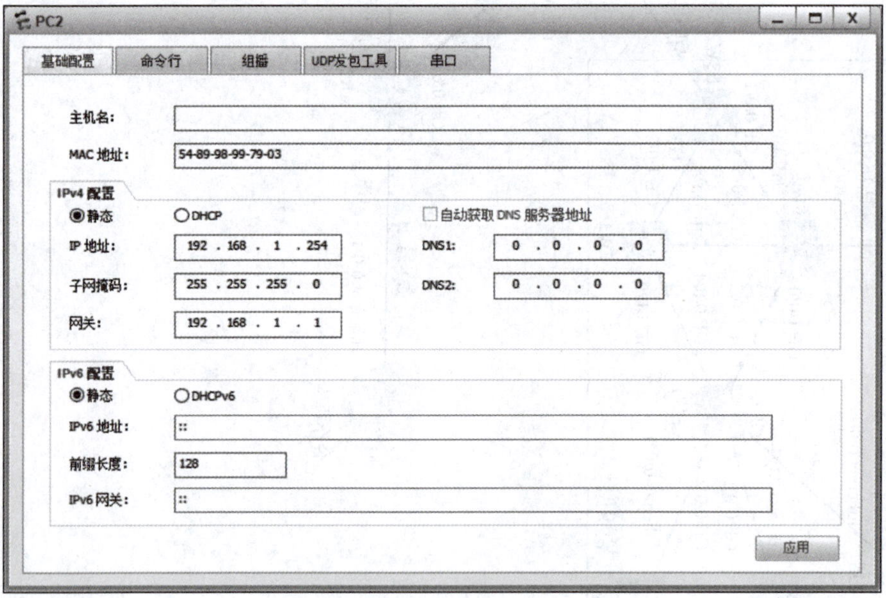

图6.3 PC2配置图

（3）PC3配置，如图6.4所示。

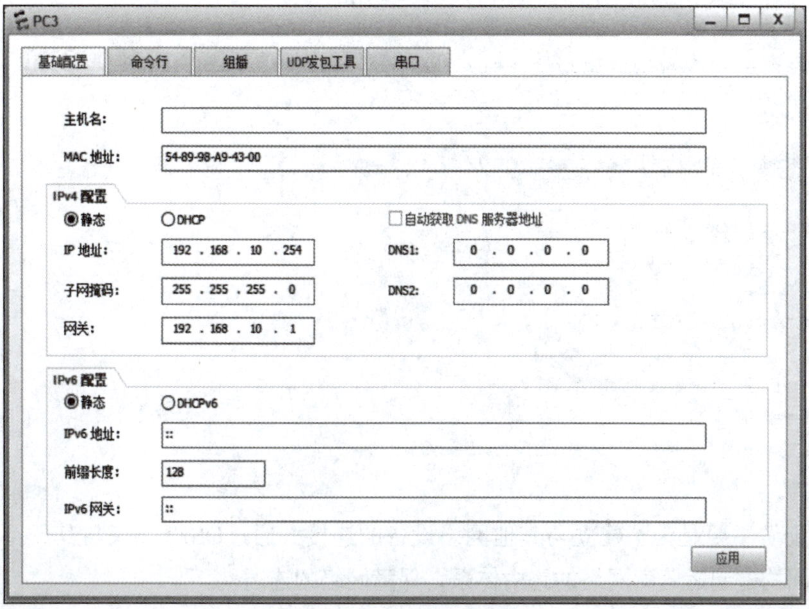

图6.4 PC3配置图

2. 配置运营商路由器

（1）配置AR1。具体操作命令如下：

```
#
interface GigabitEthernet0/0/0
ip address 12.12.12.1 255.255.255.0
#
interface GigabitEthernet0/0/1
ip address 13.13.13.1 255.255.255.0
#
interface GigabitEthernet0/0/2
ip address 14.14.14.1 255.255.255.0
#
interface GigabitEthernet1/0/0
ip address 15.15.15.1 255.255.255.0
#
interface NULL0
#
ospf 1 router-id 1.1.1.1
area 0.0.0.0
network 0.0.0.0 255.255.255.255
#
```

AR1作为运营商网络中的关键节点，通过配置不同接口的IP地址，实现与其他设备的网络连接，并通过OSPF协议参与网络路由，确保数据能够在不同网络区域间正确转发。

（2）配置AR2。具体操作命令如下：

```
#
```

```
interface GigabitEthernet0/0/0
ip address 12.12.12.2 255.255.255.0
#
interface GigabitEthernet0/0/1
ip address 23.23.23.2 255.255.255.0
#
interface GigabitEthernet0/0/2
#
 interface GigabitEthernet1/0/0
 ip address 21.21.21.2 255.255.255.0
 #
 interface NULL0
 #
 ospf 1 router-id 2.2.2.2
 area 0.0.0.0
 network 0.0.0.0 255.255.255.255
 #
```

AR2的配置主要是为了建立与其他网络设备的连接，通过OSPF协议与其他路由器交换路由信息，共同构建起运营商网络的路由体系，保障网络的连通性。

（3）配置AR3。具体操作命令如下：

```
#
interface GigabitEthernet0/0/0
ip address 13.13.13.3 255.255.255.0
#
interface GigabitEthernet0/0/1
ip address 23.23.23.3 255.255.255.0
#
interface GigabitEthernet0/0/2
ip address 31.31.31.3 255.255.255.0
 #
 interface GigabitEthernet1/0/0
 ip address 34.34.34.3 255.255.255.0
 #
 interface NULL0
 #
 spf 1 router-id 3.3.3.3
 area 0.0.0.0
 network 0.0.0.0 255.255.255.255
 #
```

AR3承担着网络数据转发和路由的重要作用，通过配置接口IP和OSPF协议，将不同区域的网络连接起来，使数据能够顺利传输到目标地址。

3. 配置分公司办事处AR4

具体操作命令如下：

```
#
acl number 2000
rule 5 permit
```

```
#
interface GigabitEthernet0/0/0
ip address 192.168.10.1 255.255.255.0
#
interface GigabitEthernet0/0/1
ip address 34.34.34.4 255.255.255.0
 nat outbound 2000
 #
 interface Tunnel0/0/0
 ip address 192.168.2.2 255.255.255.0
 tunnel-protocol gre
 source 34.34.34.4
 destination 31.31.31.1
 #
 ip route-static 0.0.0.0 0.0.0.0 34.34.34.3
 ip route-static 192.168.1.0 255.255.255.0 Tunnel0/0/0
 #
```

4. 配置分公司防火墙

具体操作命令如下：

```
#
sysname FW3
#
acl number 3000
rule 5 permit ip source 192.168.1.0 0.0.0.255 destination 10.0.0.0 0.0.0.255
#
ipsec proposal tran1
esp authentication-algorithm sha2-256
esp encryption-algorithm aes-256
 #
 ike proposal 10
 encryption-algorithm aes-256
 dh group14
 authentication-algorithm sha2-256
 authentication-method pre-share
 integrity-algorithm hmac-sha2-256
 prf hmac-sha2-256
 #
 ike peer zong
 pre-shared-key %^%#hXP<Oc~'w05po5;o>~s,5MN.P#x&.N|@ndM}:4aI%^%#(huawei@123)
 ike-proposal 10
 remote-address 14.14.14.4
 #
 ipsec policy zong 100 isakmp
 security acl 3000
 ike-peer zong
 proposal tran1
 tunnel local applied-interface
 sa trigger-mode auto
 #
```

```
interface GigabitEthernet1/0/0
undo shutdown
ip address 192.168.1.1 255.255.255.0
#
interface GigabitEthernet1/0/1
undo shutdown
ip address 31.31.31.1 255.255.255.0
ipsec policy zong
#
interface Tunnel0
ip address 192.168.2.1 255.255.255.0
tunnel-protocol gre
source 31.31.31.1
destination 34.34.34.4
#
firewall zone trust
set priority 85
add interface GigabitEthernet1/0/0
#
firewall zone untrust
set priority 5
add interface GigabitEthernet1/0/1
add interface Tunnel0
#
ip route-static 0.0.0.0 0.0.0.0 31.31.31.3
ip route-static 10.0.0.0 255.255.255.0 GigabitEthernet1/0/1 14.14.14.4
ip route-static 192.168.10.0 255.255.255.0 Tunnel0
#
security-policy
rule name tointernet
source-zone trust
destination-zone untrust
source-address 192.168.1.0 mask 255.255.255.0
action permit
rule name GRE-tunnel
source-zone local
source-zone trust
source-zone untrust
destination-zone local
destination-zone trust
destination-zone untrust
action permit
rule name fen2zong
source-zone trust
destination-zone untrust
source-address 192.168.1.0 mask 255.255.255.0
destination-address 10.0.0.0 mask 255.255.255.0
action permit
rule name zong2fen
source-zone untrust
destination-zone trust
```

```
source-address 10.0.0.0 mask 255.255.255.0
destination-address 192.168.1.0 mask 255.255.255.0
action permit
rule name IKE
source-zone local
destination-zone untrust
source-address 31.31.31.0 mask 255.255.255.0
destination-address 14.14.14.0 mask 255.255.255.0
action permit
rule name ike1
source-zone untrust
destination-zone local
source-address 14.14.14.0 mask 255.255.255.0
destination-address 31.31.31.0 mask 255.255.255.0
action permit
#
nat-policy
rule name nonat
action no-nat
rule name tointernet
source-zone trust
destination-zone untrust
source-address 192.168.1.0 mask 255.255.255.0
action source-nat easy-ip
#
```

5. 配置总公司防火墙

（1）配置FW1。具体操作命令如下：

```
#
sysname Fw1
#
hrp enable
hrp interface GigabitEthernet1/0/6 remote 10.1.6.2
#
acl number 3000
rule 5 permit ip source 10.0.0.0 0.0.0.255 destination 192.168.1.0 0.0.0.255
#
ipsec proposal tran1
esp authentication-algorithm sha2-256
esp encryption-algorithm aes-256
#
ike proposal 10
encryption-algorithm aes-256
dh group14
authentication-algorithm sha2-256
authentication-method pre-share
integrity-algorithm hmac-sha2-256
prf hmac-sha2-256
#
ike peer FW3
```

```
pre-shared-key %^%#U=\z"C:gSNfNjc, Z!o`)5FZ^$ FA'jQ#QG2FARkUR%^%#(huawei@123)
ike-proposal 10
remote-address 31.31.31.1
#
ipsec policy FW3 100 isakmp
security acl 3000
ike-peer FW3
proposal tran1
tunnel local 14.14.14.4
sa trigger-mode auto
#
ip pool L2TP
section 0 10.10.10.100 10.10.10.200
#
l2tp-group cc
tunnel password cipher %$%$UfC_O7h`^$q$*R(|=+mPI|ue%$%$(Huawei@123)
tunnel name cc
allow l2tp virtual-template 1 remote cc domain default
#
interface Virtual-Template1
ppp authentication-mode chap
remote address 10.10.10.2
ip address 10.10.10.1 255.255.255.0
alias L2TP_LNS_1
undo service-manage enable
#
interface GigabitEthernet1/0/0
undo shutdown
ip address 10.0.0.2 255.255.255.0
vrrp vrid 1 virtual-ip 10.0.0.1 active
service-manage https permit
#
interface GigabitEthernet1/0/1
undo shutdown
ip address 172.16.0.1 255.255.255.0
#
interface GigabitEthernet1/0/2
undo shutdown
ip address 14.14.14.2 255.255.255.0
vrrp vrid 2 virtual-ip 14.14.14.4 active
service-manage http permit
service-manage https permit
service-manage ping permit
service-manage ssh permit
service-manage snmp permit
service-manage telnet permit
ipsec policy FW3
#
#
interface GigabitEthernet1/0/6
undo shutdown
```

```
ip address 10.1.6.1 255.255.255.0
#
firewall zone trust
set priority 85
add interface GigabitEthernet1/0/0
add interface Virtual-Template1
#
firewall zone untrust
set priority 5
add interface GigabitEthernet1/0/2
#
firewall zone dmz
set priority 50
add interface GigabitEthernet1/0/1
add interface GigabitEthernet1/0/6
#
ip route-static 0.0.0.0 0.0.0.0 14.14.14.1
ip route-static 192.168.1.0 255.255.255.0 GigabitEthernet1/0/2 31.31.31.1
#
v-gateway ssl interface GigabitEthernet1/0/2 port 4430 private
#
#****BEGIN***ssl**1****#
v-gateway ssl
basic
ssl version tlsv11 tlsv12
ssl timeout 5
ssl lifecycle 1440
ssl ciphersuit custom aes256-sha non-des-cbc3-sha aes128-sha
service
network-extension enable
network-extension keep-alive enable
network-extension keep-alive interval 120
network-extension netpool 10.20.1.2 10.20.1.100 255.255.255.0
netpool 10.20.1.2 default
network-extension mode manual
network-extension manual-route 10.0.0.0 255.255.255.0
security
policy-default-action permit vt-src-ip
certification cert-anonymous cert-field user-filter subject cn group-filter subject cn
certification cert-anonymous filter-policy permit-all
certification cert-challenge cert-field user-filter subject cn
certification user-cert-filter key-usage any
undo public-user enable
hostchecker
cachecleaner
vpndb
group /default
role
role default
role default condition all
```

```
#****END****#
#
security-policy
rule name tointernet
source-zone trust
destination-zone untrust
source-address 10.0.0.0 mask 255.255.255.0
action permit
rule name zong2fen
source-zone trust
destination-zone untrust
source-address 10.0.0.0 mask 255.255.255.0
destination-address 192.168.1.0 mask 255.255.255.0
action permit
rule name fen2zong
source-zone untrust
destination-zone trust
source-address 192.168.1.0 mask 255.255.255.0
destination-address 10.0.0.0 mask 255.255.255.0
action permit
rule name IKEЭ
source-zone local
destination-zone untrust
source-address 14.14.14.0 mask 255.255.255.0
destination-address 31.31.31.0 mask 255.255.255.0
action permit
rule name IKEЭ
source-zone untrust
destination-zone local
source-address 31.31.31.0 mask 255.255.255.0
destination-address 14.14.14.0 mask 255.255.255.0
action permit
rule name l2tp
source-address 10.0.0.0 mask 255.255.255.0
action permit
rule name l2tp1
destination-address 10.0.0.0 mask 255.255.255.0
action permit
rule name l2tp2
source-address 14.14.14.0 mask 255.255.255.0
action permit
rule name l2tp3
destination-address 14.14.14.0 mask 255.255.255.0
action permit
rule name sslvpn
destination-address 10.0.0.0 mask 255.255.255.0
action permit
#
nat-policy
rule name noNAt
source-address 10.0.0.0 mask 255.255.255.0
```

```
 destination-address 192.168.1.0 mask 255.255.255.0
 action no-nat
 rule name tointernet
 source-zone trust
 destination-zone untrust
 source-address 10.0.0.0 mask 255.255.255.0
 action source-nat easy-ip
 #
```

（2）配置FW2。具体操作命令如下：

```
#
sysname FW2
#
hrp enable
hrp interface GigabitEthernet1/0/6 remote 10.1.6.1
#
acl number 3000
rule 5 permit ip source 10.0.0.0 0.0.0.255 destination 192.168.1.0 0.0.0.255
#
 ipsec proposal tran1
 esp authentication-algorithm sha2-256
 esp encryption-algorithm aes-256
 #
 ike proposal 10
 encryption-algorithm aes-256
 dh group14
 authentication-algorithm sha2-256
 authentication-method pre-share
 integrity-algorithm hmac-sha2-256
 prf hmac-sha2-256
 #
 ike peer FW3
 pre-shared-key %^%#U=\z"C:gSNfNjc, Z!o`)5FZ^$FA'jQ#QG2FARkUR%^%#
 ike-proposal 10
 remote-address 31.31.31.1
 #
 ipsec policy FW3 100 isakmp
 security acl 3000
 ike-peer FW3
 proposal tran1
 tunnel local 14.14.14.4
 sa trigger-mode auto
 #
 ip pool L2TP
 section 0 10.10.10.100 10.10.10.200
 #
 interface Virtual-Template1
 remote address 10.10.10.2
 #
 interface GigabitEthernet1/0/0
 undo shutdown
```

```
ip address 10.0.0.3 255.255.255.0
vrrp vrid 1 virtual-ip 10.0.0.1 standby
service-manage https permit
#
interface GigabitEthernet1/0/2
undo shutdown
ip address 14.14.14.3 255.255.255.0
vrrp vrid 2 virtual-ip 14.14.14.4 standby
service-manage http permit
service-manage https permit
service-manage ping permit
service-manage ssh permit
service-manage snmp permit
service-manage telnet permit
ipsec policy FW3
#
interface GigabitEthernet1/0/6
undo shutdown
ip address 10.1.6.2 255.255.255.0
#
firewall zone trust
set priority 85
add interface GigabitEthernet0/0/0
add interface GigabitEthernet1/0/0
add interface Virtual-Template1
#
firewall zone untrust
set priority 5
add interface GigabitEthernet1/0/2
#
firewall zone dmz
set priority 50
add interface GigabitEthernet1/0/6
#
ip route-static 0.0.0.0 0.0.0.0 14.14.14.1
ip route-static 192.168.1.0 255.255.255.0 31.31.31.1
#
v-gateway ssl interface GigabitEthernet1/0/2 port 4430 private
#
#****BEGIN***ssl**1****#
v-gateway ssl
basic
ssl version tlsv11 tlsv12
ssl timeout 5
ssl lifecycle 1440
ssl ciphersuit custom aes256-sha non-des-cbc3-sha aes128-sha
service
network-extension enable
network-extension keep-alive enable
network-extension keep-alive interval 120
network-extension netpool 10.20.1.2 10.20.1.100 255.255.255.0
```

```
netpool 10.20.1.2 default
network-extension mode manual
network-extension manual-route 10.0.0.0 255.255.255.0
security
policy-default-action permit vt-src-ip
certification cert-anonymous cert-field user-filter subject cn group-filter subject cn
certification cert-anonymous filter-policy permit-all
certification cert-challenge cert-field user-filter subject cn
certification user-cert-filter key-usage any
undo public-user enable
hostchecker
cachecleaner
vpndb
group /default
role
role default
role default condition all
#****END****#
#
security-policy
rule name tointernet
source-zone trust
destination-zone untrust
source-address 10.0.0.0 mask 255.255.255.0
action permit
rule name zong2fen
source-zone trust
destination-zone untrust
source-address 10.0.0.0 mask 255.255.255.0
destination-address 192.168.1.0 mask 255.255.255.0
action permit
rule name fen2zong
source-zone untrust
destination-zone trust
source-address 192.168.1.0 mask 255.255.255.0
destination-address 10.0.0.0 mask 255.255.255.0
action permit
rule name IKEЭ  source-zone local
destination-zone untrust
source-address 14.14.14.0 mask 255.255.255.0
destination-address 31.31.31.0 mask 255.255.255.0
action permit
rule name IKEЭ
source-zone untrust
destination-zone local
source-address 31.31.31.0 mask 255.255.255.0
destination-address 14.14.14.0 mask 255.255.255.0
action permit
rule name l2tp
source-address 10.0.0.0 mask 255.255.255.0
```

```
action permit
rule name l2tp1
destination-address 10.0.0.0 mask 255.255.255.0
action permit
rule name l2tp2
source-address 14.14.14.0 mask 255.255.255.0
action permit
rule name l2tp3
destination-address 14.14.14.0 mask 255.255.255.0
action permit
rule name sslvpn
destination-address 10.0.0.0 mask 255.255.255.0
action permit
#
nat-policy
rule name noNAt
source-address 10.0.0.0 mask 255.255.255.0
destination-address 192.168.1.0 mask 255.255.255.0
action no-nat
rule name tointernet
source-zone trust
destination-zone untrust
source-address 10.0.0.0 mask 255.255.255.0
action source-nat easy-ip
#
```

三、实训验证

（1）双机热备成功后，在Web页上显示的内容，也可以通过display vrrp，display hrp state来查看，查看界面如图6.5所示。

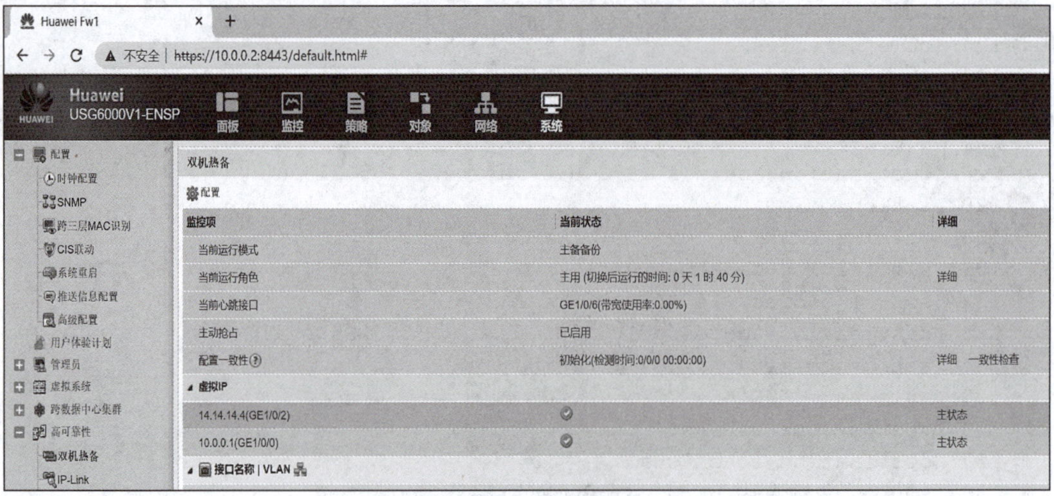

图6.5 双机热备查看界面

（2）总部和分部IPSec VPN连接，查看界面如图6.6所示。

（3）分公司和办事处之间使用GRE VPN进行互联，查看界面如图6.7所示。

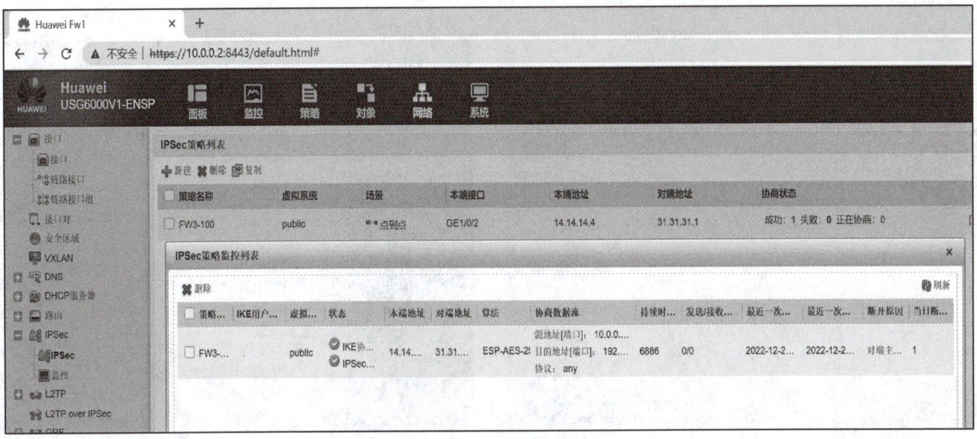

图6.6　IPSec VPN连接查看界面

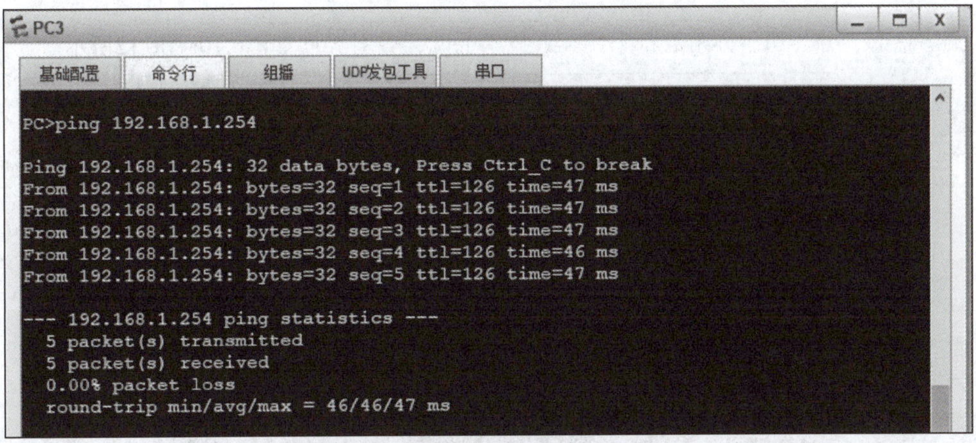

图6.7　GRE VPN互联查看界面

（4）合作机构使用SSL VPN连接总部内部服务器，查看界面如图6.8所示。

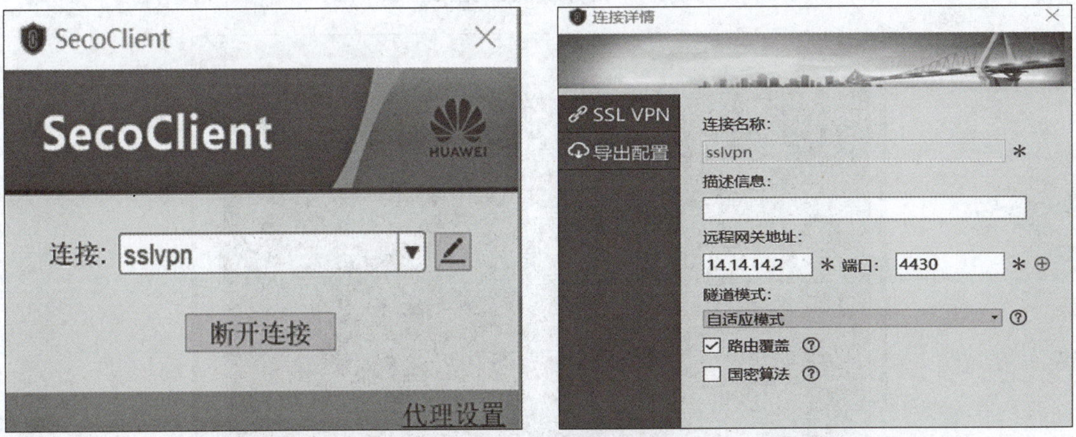

（a）　　　　　　　　　　　　（b）

图6.8　SSL VPN连接查看界面

（5）出差用户使用L2TP VPN连接企业内部，查看界面如图6.9所示。

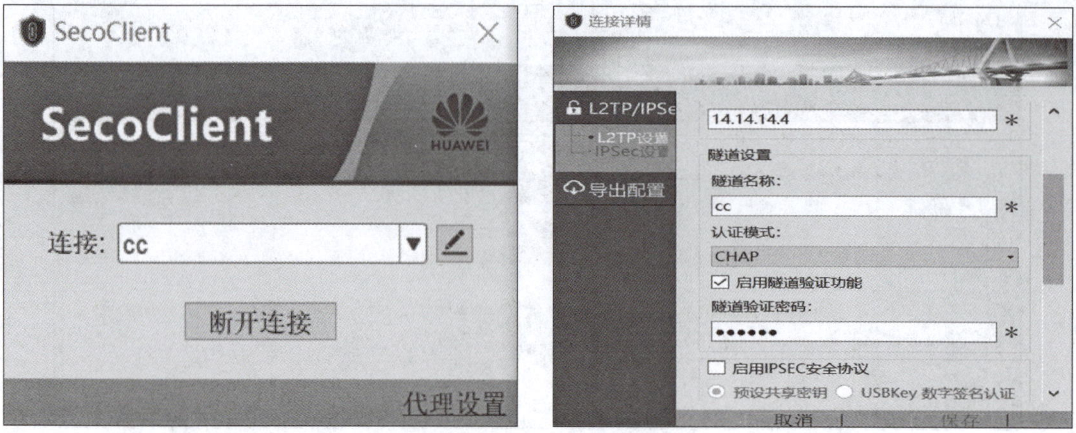

（a）　　　　（b）

图6.9　L2TP VPN连接查看界面

（6）总部、分公司、办事处都采用NAT技术上网，查看界面如图6.10~图6.12所示。

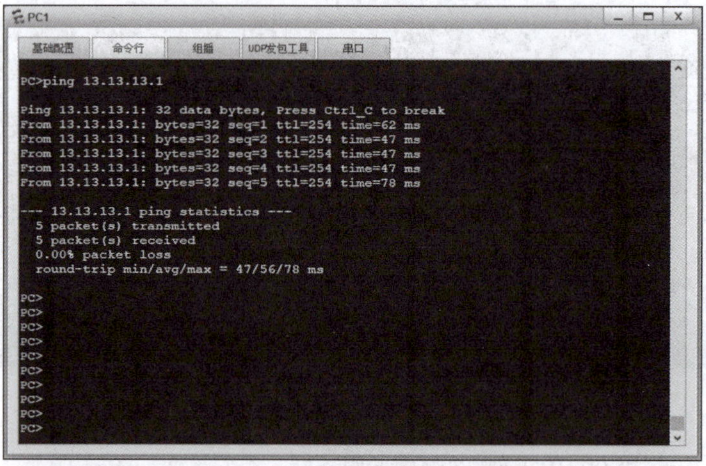

图6.10　总部NAT上网查看界面

图6.11　分公司NAT上网查看界面

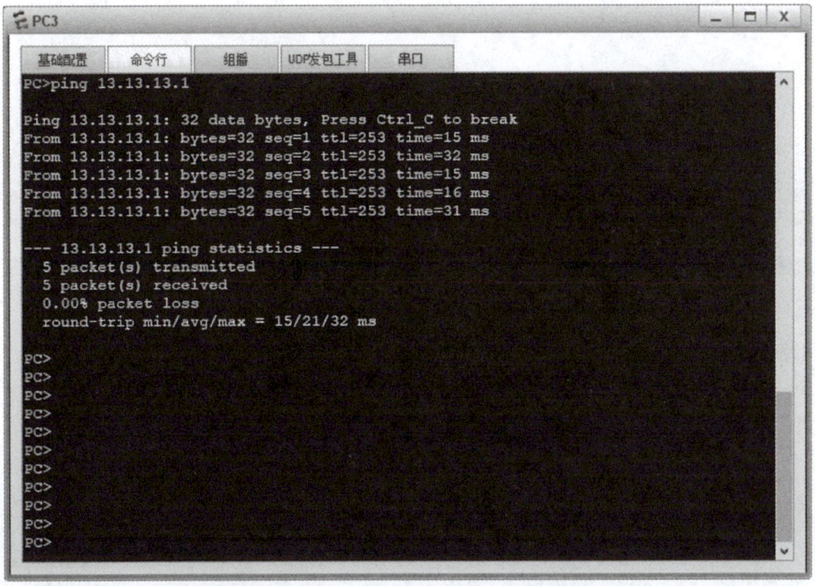

图6.12　办事处NAT上网查看界面

小　　结

本项目应用了HCIA（华为认证信息通信技术工程师）级别的核心技术。作为面向ICT（信息与通信技术）领域基础学习者和从业者的初级认证，HCIA涵盖数据通信、网络安全核心知识体系，需要学生认真总结项目中涉及的技术内容，将理论知识转化为实践能力。

习　　题

1. 以下（　　）属于USG6000系列防火墙SSL VPN的主要功能。

A. 端口转发　　　　B.网络扩展

C. 文件共享　　　　D.Web代理

2. 以下（　　）是USG6000系列防火墙SSL VPN支持的接入方式。

A. Web浏览器直接访问（Web代理）

B. 客户端软件全隧道接入（网络扩展）

C. L2TP隧道拨号接入

D. 轻量级插件端口转发接入

参考文献

[1] 刘丹宁，余建成. 高级网络安全技术[M]. 北京：人民邮电出版社，2023.

[2] 刘建伟，王育民. 网络安全技术与实践[M]. 3版. 北京：清华大学出版社，2017.

[3] 贾铁军. 网络安全技术与应用[M]. 北京：电子工业出版社，2015.